U0186783

印刻
印刻书院

中小学生通识读本

陶秉珍

昆虫漫话

陶秉珍 著

哈尔滨出版社
HARBIN PUBLISHING HOUSE

图书在版编目（CIP）数据

陶秉珍昆虫漫话 / 陶秉珍著. —— 哈尔滨 : 哈尔滨
出版社, 2021.6
（中小学生通识读本）
ISBN 978-7-5484-4022-2

Ⅰ.①陶… Ⅱ.①陶… Ⅲ.①昆虫 - 青少年读物
Ⅳ.①Q96-49

中国版本图书馆CIP数据核字(2018)第079838号

书　　名：**陶秉珍昆虫漫话**
TAO BINGZHEN KUNCHONG MANHUA

作　　者：陶秉珍 著
责任编辑：马丽颖　尹 君
责任审校：李 战
装帧设计：印刻书院

出版发行：哈尔滨出版社（Harbin Publishing House）
社　　址：哈尔滨市香坊区泰山路82-9号　邮编：150090
经　　销：全国新华书店
印　　刷：山东润声印务有限公司
网　　址：www.hrbcbs.com　　www.mifengniao.com
E-mail：hrbcbs@yeah.net
编辑版权热线：（0451）87900271　87900272
销售热线：（0451）87900202　87900203
邮购热线：4006900345（0451）87900256

开　　本：787mm×1092mm　1/16　印张：14　字数：130千字
版　　次：2021年6月第1版
印　　次：2021年6月第1次印刷
书　　号：ISBN 978-7-5484-4022-2
定　　价：58.00元

凡购本社图书发现印装错误，请与本社印制部联系调换。
服务热线：（0451）87900278

序

　　全世界 70 万种的动物内，昆虫占了 60 万种[①]。种类既这样繁多，对于我们的影响更属巨大：试看振翅枝头的蛱蝶，高唱柳梢的新蝉，好像都是和平的舞手、歌人，谁知它们曾有过拦阻火车、大毁森林的成绩。至于像疟蚊的布毒，竟是促成罗马衰亡的一个因素；跳蚤传播鼠疫，竟使欧洲人口减少四分之一，更是大家都知道的。

　　而且，当我们未发明木材造纸的方法之前，胡蜂早已应用朽木制造马粪纸似的巢了；混凝土是近几年才发明的建筑材料[②]，但泥蜂造巢时，早已能调制使用了；蜜蜂又能应用六角形的自然法则，造面积和材料最经济的巢。可见昆虫也颇有奇妙的才能。

　　至于像各尽所能、各取所需、没有懒汉、没有内乱的蜂

[①]目前已经定名的昆虫有100多万种，占动物界已知种类的三分之二到四分之三。
[②]19世纪末20世纪初，人类开始使用混凝土做建筑材料。

群列阵阶前，勇于公战的蚁群，更有不少可给人类社会取法的地方。

昆虫，不仅种类繁多，对人类有重大影响，具有奇妙的才能，而且它们的社会组织，又有高出人类之处。所以研究昆虫，实在是一件需要而又有趣的事。

我在少年时代，常因接近昆虫而遇到种种奇象。例如：两只蜻蛉，各咬住了别只的尾巴，打了箍在空中飞翔；挂在树干上的蝉壳，肢体俱全，恰恰少了翅膀；教科书上虽说蝇类是卵生的，但拍死一只麻苍蝇，偏偏满肚子是蛆；此外像螳螂无头，还会交尾；蚁类行动，若有号令……这种种现象，都使我产生疑问。我知道你们在游玩时，也常有和昆虫接近的机会，也许同样会遇到这等奇象，产生这等疑问！所以本书除为了引起你们研究昆虫的兴趣起见，把关于昆虫的新鲜记述做简单的介绍外，对于这些现象，都想给一个合理的解释。

昆虫的名字，大部分用我国固有的——包括现代和古昔；一部分是根据了象形或会意而创造的新名，像 Copera annulata 取名竹竿豆娘，Loxoblemmus haanii 取名为三角蟋蟀等。此外一小部分，仍用音译法，但都把学名附在后面。

本书的主要参考书是：

Henri Fabre：Souveeneirs Entomoiogiques. Etudes sur l'Instinct et les Moeurs des Insectes. Dix series. 和日本松村松年著的《昆虫物语》和《虫的社会生活》等。本书的体裁方面，好友贾祖璋兄，曾有许多指示。一并书此致谢。

秉珍

一九三五年八月于日本东京

目 录
CONTENTS

第一章　蜂

第二章　蜜蜂

第三章　蝶

第四章　蝉

第五章　萤

第六章　蚊

第七章　蝇

第八章　蜻蛉

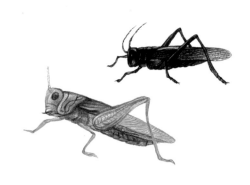

第十二章 蚁

第一章

蜂

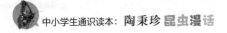

一 花蜂的社会生活

昆虫里面，比蜂更有趣的，大概找不到吧！它们不单种类繁多，而且所过的生活，又是千差万别：有的隐居泥中，有的高栖树梢，有的随波漂浮，有的寄生虫体，有的孤栖，有的群居。现在只把常见的和有特色的几种，来大略讲一讲：

一阳来复，我们散步郊原时，常有嗡嗡之声，从远方传来。这声音和报春鸟的啼声一般，使人知道春已来临，听了十分畅快。春天最早开的是梅花、山茶。到这些花上来的，就是蜜蜂和花蜂。

花蜂中，有翅膀暗灰色的花蜂（Bombus speciosus），有生着橙黄色长毛的虎花蜂（Bombus diversus），有大形而腹部有黄毛带的大花蜂（Bombus sopporensis），有全身密生着黑色长毛的黑花蜂（Bombus ignitus），和胸腹部密生黄灰色毛的黄花蜂（Bombus lersatus）等种类，它们都是过着和蜜蜂相似的社会生活。

早春三月，花蜂已从它们的越冬处出来，这时，只为了疗治自己的饥渴，拼命采蜜。一到四五月里，就着手造巢，并且替孩子们贮藏花粉和花蜜。它们造巢的地方，毫无一定，有时竟会利用现成的鼠穴，再开一条长长的隧道，通到地面。它们的巢，不是同蜜蜂这样有好多层，因它们分泌的蜡，比蜜蜂的要软得多。

蜜蜂社会中，有生殖能力的，叫作女王；但在花蜂社会里，女王这个名称，嫌不适当，应该称为母蜂。为什么呢？因为它和人类一样发挥母性爱。当初只有它一只，自己造巢，自己到野外

花蜂　　　　　　　　虎花蜂

大花蜂　　　　　黑花蜂　　　　　黄花蜂

去采集花蜜、花粉和树脂，作将来自己孩子的食物。它产卵（是受了精而越冬的）、保护孵化出来的孩子，自己看这些孩子羽化，飞出巢去。但蜜蜂的女王，不过是一种产卵机器，不发挥养育孩子、保护孩子的母性爱。

母蜂造巢时，像前面说过，通常利用废弃的鼠穴，将草梗、叶片、苔藓等咬碎，混入树脂和蜡液，在里面造巢房。它们造巢之前，先到郊外去，用后脚采集花粉，用蜜囊吸收花蜜，带了回来，扫落花粉，和入吐出来的花蜜，滚成团子，这是未来孩子们的食料。这些团子造成之后，母蜂就环绕团子，造一间小室，在里面产下十二三粒卵子。不久，又从背部分泌蜡液，将这巢房（小室）的顶封住。同时，再分泌蜡液，造一个薄薄的壶，做贮藏花蜜用。这壶的直径约2厘米，深约4厘米，放在巢房附近。母蜂对于花蜜的贮藏，非常注意，因为是风雨之际的粮食。

巢房造成后，母蜂就静静伏在上面，使卵子受热孵化。这时它总面向着巢口，留心外敌的侵入，简直和鸟类等高等动物的孵卵，丝毫无二。

卵子经四天左右而孵化。幼虫吝吝吃那些团子，将它们蛀成七洞八穿。当粮食吃尽引起恐慌时，母蜂便再到野外去采集花粉、花蜜，回来后，在巢房的盖上咬穿一孔，将花粉或稍稍流动的花粉、花蜜混合物，从这小孔丢落巢房里。它不采集花粉、花蜜时，就伏在巢房上，使孩子得到温热。这时它若觉得饥饿，便把口吻插入蜜壶内，吸食从前贮藏的蜜。经过一个月左右，孩子已成工蜂，能够帮助母亲采集花粉、花蜜，蜜壶就丢着不用了。花蜂的蜜，比蜜蜂的要稀薄些。

花蜂的幼虫，白色无足，头部特别大。孵化后，再经六七天，幼虫各吐丝造成坚牢的、纸似的茧，而化蛹。巢房的中央，微微凹陷，是母蜂曾经静伏着保护孩子们的地方。假使孩子们虽然已经化蛹，但还需要温暖的环境时，它依旧伏在凹处，决不飞开去。到了孵化的第二十二三天，幼蜂就出来了。这时母亲还负保护之责，替它们将茧上的出口开得大些。第一次羽化出来的花蜂，全是工蜂。比母蜂要小得多。这些工蜂一出来，母蜂便把采集花粉、花蜜的责任交给它们，自己再另造巢房产卵。此后陆续生产的，也全是工蜂。一到仲夏，母蜂方产将来可成雄蜂和母蜂的卵子。

秋天，母蜂衰老，工蜂就代替产卵，但全系雄卵，所以这巢不久就要灭亡了。秋季，我们看到的大花蜂，多是母蜂。雄蜂虽也常有看到，但比母蜂稍小，略带黑色，尾端没有毒刺，很容易分辨。雄蜂虽在野外吸食种种花蜜度日，但到早霜一降，便一命呜呼。工蜂也不久死亡，留下的只有将来可做母蜂的、生殖器发达的女蜂。

地中的巢，格外大些，有时包含：170只雄蜂、560只女蜂、180只工蜂。但是，地上巢中蜂数较少，大概只有一半。一只越冬的母蜂，子孙往往增加到三四百只。蜂群的兴衰，受气候的影响不少：在亚热带地区，花蜂无须冬眠，继续不断地营社会生活；反之，在北极寒冷地方，花蜂都过独栖生活。

花蜂最大的敌人，便是要偷蜜吃和咬破育儿巢房的野鼠。所以除气候外，对蜂群影响最大的，便是这地方野鼠的多少。达尔文曾经用猫和苜蓿的关系，来说明生物界的关联生活，而花蜂也是其中的一环。现在只讲个大概，来结束这节：

苜蓿花的受精结实，全靠花蜂的媒介，而花蜂的繁殖，又常受野鼠的妨害。可是，侵害花蜂的野鼠，又要被猫捕食，繁殖上大受限制。所以喜欢养猫的村庄，苜蓿最能繁殖。

二 做百虫之王的胡蜂

　　胡蜂性凶猛，不论蝶、蛾、青虫等，若在它们身边，便任意杀戮，不妨称为百虫之王。胡蜂种类很多，最普通的是：全身生黄褐色毛的黄胡蜂（Vespa auraria）和拖着两条长腿的长脚蜂（Polistes hebraeus），以及腹部有黄色细条的纹胡蜂（Vespa crabra）和翅膀暗褐、全身黑色的黑胡蜂（Phynchium flovomarginatum）等。

　　胡蜂造巢的地点，有地下和地上的不同：像大胡蜂和黑胡蜂造在地下，像长脚蜂和纹胡蜂造在地上的树枝间，地下的巢多呈片状，枝间的巢都呈球形。

　　春天，常见胡蜂飞到屋里来，这是它们在找寻宅地。地点一找定当后，如是枝间巢，便在枝上造一个坚固的柄；若是地下巢，便用它坚强的大腮，先将地面的木片、细枝、草屑、小石等扫除净尽，再开掘下去，遇到树根之类，将它咬断，也做上一个强韧的柄子。这些是造巢的准备工作。

　　它再去寻得枯树或朽栅，用大腮啃下几片，嚼碎，混入唾液，于是便成制纸工场中的木浆了——在我们未发明用木材造纸之先，蜂早已在实行。它将木浆运回，在柄子周围，一涂再涂，涂成一张薄片，这就是巢的基础。木浆用完时，它再飞到原处，重新咬嚼木片，制得新木浆运回，在薄片中央，做成四个下垂的房；又赶忙在这四个新建的房里，各产一粒卵子，再做一个伞状的盖，罩住全巢，下方开一出入口。此后，不绝地将木浆运向巢中，在

四房的周围，挨次建造许多房，当这薄片铺满时，第一层房屋已告成了。造巢于地下的，出巢时常把泥屑带出，可见是一面掘穴，一面把巢扩大的。而且它们的巢，不分层次，尽管向四周扩张，呈一片状。胡蜂的巢房，不像蜜蜂那样悬挂，而是水平地排列，换一句话：蜜蜂的建筑是垂直式，而胡蜂的建筑是水平式。

当巢还不十分扩大时，当初产在四房中的卵子，已经孵化；此时，胡蜂就放下建筑工程，替孩子们到野外去采集食物。刚孵化的幼虫小得很，所以食料也只是些软嫩的蚜虫、青虫等。而且，胡蜂将它们咬碎，做成团子，才给幼虫吃；有时，也喂一些花粉、花蜜。房口虽然向下，但因为有一种胶质物，将幼虫的尾端粘住，所以不会落到地面的。

女王一面养育孩子，一面增加房屋，顺便产下新卵子。孩子一天天大起来，所要的食物更多，它就不管什么昆虫，看到便捉。运回巢后，嚼成肉酱，给孩子吃。有趣的是：牛肉店和猪肉店，它也常常光顾，弄得伙计们手忙脚乱。胡蜂学会吃牛肉、猪肉，还是近几年的事。大概它们起初是为了捉群集肉上的家蝇和肉蝇，而到店里来的，偶然发现美味的牛肉、猪肉，知道鲜肉养分很多，最适宜喂养孩子，于是捕蝇的益虫，变为掠夺鲜肉的害虫了。

巢中有20多间房造成时，第一次的幼虫已经老熟，将自己吐出来的丝，封住房口，贴里面再造一层盖，于是，这房就成藏蛹的茧了。孩子一到造茧，母亲就不再放在心上，只努力养育别的孩子，和建造新巢房。

此后再过10天到12天，最初孵化的四条幼虫已化蛹，成工蜂了；当羽化时，这年轻的蜂，能够自己咬破茧盖，不必母亲帮助。这四只工蜂一来，女王当然喜欢得了不得，因为它不必再到野外去替孩子们采集食料，一切由这几只工蜂负责。

　　女王自己所建造的，只有起初的 20 多间房，到工蜂一出来，便咬破巢的外套，将巢扩大。同时，又在巢的中央，向下方建造一根称为中轴的柱，在末端造三四间房，再逐渐在周围增添，于是第二层房子又告成了。再把中轴延长，建设第三层、第四层的巢房。大的胡蜂巢，竟有 50 层之多，简直和纽约的摩天楼相差无几了。在中央的一层，面积最大，上面有三四千间房。这些房，在夏季，至少是三次，有时五次，做孩子的摇篮。羽化的蜂一出来，别的工蜂，便把房盖和蛹壳扫除，让女王再去产卵。产卵的顺序是从中央到外侧，再回到中央。

　　到秋季将近，最下两层上，便有几个大型的房造起来。这些房的盖，常呈球形，不像工蜂房那样是扁平的。这房里藏着将来成女王的幼虫，和成雄蜂的幼虫。前者因得到富于养分的食物变成女王，为传种的基础，和蜜蜂丝毫无异。这时，巢的外罩，恰呈倒立的花瓶形，有八九张纸这样厚，这是几千工蜂共同建造的。

长脚蜂的巢

　　长脚蜂的巢虽也造在枝间，但只一层，而且没有外罩，这是我们常能在灌木丛看到的。

三 惨杀同胞的胡蜂

在烈日炎炎的夏天，工蜂为了养幼虫和女王，仍旧急急忙忙地在巢口进进出出。除狂风暴雨的时候外，它们从早到晚，不休不息地劳作。到夏末秋初，枝头果熟，便吸取果中液汁来饲养幼虫。

早霜初降，便是胡蜂的丧钟响了。它们不像蜜蜂那样，藏了粮食过冬，而且巢也单薄，经不起风吹霜压，所以除全巢覆没外，委实没有第二条路。可是，在这时还要演几幕杀戮同胞的惨剧呢！

秋季，天气一冷，女王便停止产卵。工蜂把已经长大一些的幼虫拉出巢外，留着一定间隔，排成一行丢弃着。这些幼虫，本来都是能变成维持这巢有用的工蜂的，但奇怪得很，这些之前一直受着工蜂周密保护和养育的幼虫，此刻便无罪无过地被杀戮了，因为一个巢里至少有6000只工蜂，气候渐冷，采粮不易，便起恐慌。于是，工蜂知道巢里的幼虫，到底无法养大，好像有某种命令似的，大胆地杀害婴儿了。这时，全巢大混乱，毫无秩序，新出来的工蜂，口衔了幼虫往外拉，老工蜂只茫然地看着。

也许有人要这样想，既然同归于尽，倒不如留在巢里好，何必一定要拉到巢外，再加杀戮呢？这不是太残忍吗？其实工蜂不知道什么叫残忍，什么叫慈悲，一切行动，都受维持种族这一原则支配。这时，将来做女王的雌蜂，快要羽化，让幼虫在巢里腐败，很是不好，所以必须把巢内打扫干净。一到秋末，新女王和

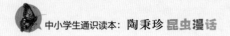

雄蜂出来，这时老女王早已死去，连遗骸都没处找。

胡蜂的女王，和蜜蜂、白蚁的女王不同，不和别巢的雄蜂交尾，只在巢内或巢边，和同巢的雄蜂交尾。不久雄蜂也死去，女王寻得枯树的空洞，或别的和暖而隐蔽的地方越冬。这时它常把木片、树皮、草屑等，紧紧咬着。我们在九十月里看到的胡蜂，有不少是雄蜂；十一月里看到的，大半是准备越冬的女王。

此外胡蜂还有几种特别的习性，就在这里顺便说一说：

胡蜂有好清洁的习性，常用前肢拂除身上的尘埃，所以寄生在蜂身上的细菌很少。当胡蜂从巢孔出来，要向野外飞去时，必定在自己巢上打旋，起初是小圈，逐渐放大，最后向自己的目的地，一溜烟飞去了。这种回旋飞翔，无非怕回来时遗忘了自己的家，所以特意看定某种标识，记在脑里。回来时，恰恰和出去时相反，由大圆圈逐渐缩小，而到巢孔。它们的巢，起初不过同鸡蛋那么大，慢慢地扩大，到中秋前后，直径就有 60 多厘米了。

四 钻木的熊蜂

春风乍起，雌雄熊蜂就从越冬场所出来了。熊蜂（Xylocopa circumvolans）形状和花蜂相似，身躯伟大，体毛不多，全身黑色，只胸部背面现黄色，所以一看就能分别。这蜂还有一点和别的花蜂不同的地方，就是雌雄两种都越冬的。

它们常常在木材上钻洞、造巢，所以又叫作木匠蜂。钻洞时，枯木又比活树容易些，所以它们总拣森林中的枯木，决不去加害活树。可是，它们有时飞到我们家里，在栋、梁、柱、栅等上，胡乱钻洞造巢，那就变成大害虫了。温带地方，这蜂不多，还没有什么大害。若到印度、爪哇这等热带地方去，看了它们的成绩，真要吃惊：竟有一段小小梁木上，被这蜂钻了三四十个洞的。若狂风一起，这屋当然要倾倒。不仅家内的梁柱，有时连郊外的电杆和篱柱，都有它们的成绩。

熊蜂钻洞时，总是用它的大颚，锯屑纷纷落下，往往在地上堆积得高高的。这洞实际是一种隧道，直径17毫米左右，斜斜地横着，稍稍进去，又折而向上，或向下达到约33厘米，或约50厘米时，再变更方向，一直钻通背面。它再用唾液，调制锯屑，在离入口约3厘米处，做一隔壁，产下一卵，周围再放些可作幼虫食料的花粉、花蜜，这是第一室，常在穴口。接着再隔第二室，照样产卵。一条隧道，大概隔成十几间小室，垒作孩子们的安全摇篮。

熊蜂

　　这里就有问题要发生了，就是：若里面的蛹，先羽化成蜂，而近穴的还是蛹或幼虫，它不会跑不出来吗？可是，母蜂早早留意到这点，所以它产卵必定从第一室起，挨次上去；当它建设到最后一间巢房而产卵时，第一室的幼虫已经头向着下方而化蛹了。所以挨次孵化，挨次化蛹，挨次羽化为蜂，咬破隔壁，循着同一条隧道而飞出，丝毫不会发生冲突。母亲替儿女们着想，真周到啊！

　　五月里，藤花盛开，熊蜂也纷纷飞来，嗡嗡地在花间舞个不休，真是丽春的点缀。粗粗一看，它们身呈熊形，而且振翅发声，又像大胡蜂，不免使人害怕。其实，它们是很平和的蜂，除你去搅扰它的巢穴外，决不胡乱刺人。熊蜂不像花蜂那样组成团体，它们是孤独地生活的。

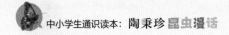

五 泥蜂的建筑技术

泥蜂大概是黑色而有黄纹的，又可分作腹柄细长的或不细长的两种，都要吸食伞形科等植物的花汁，在石上、墙隅、枝上、树皮下等处，用泥造巢。它们的巢，普通同樱桃一般大，也有拳头大的。

蜾蠃（Eumenes pomiformis）因为肚部呈酒瓶形，所以又叫酒瓶蜂，分布在我国、日本、欧洲等地方。它们造巢时，先衔了直径约 3 毫米的土块回来，用前脚仔细地涂，这时土块依旧用口衔着。这土块是已经用唾液练过的，所以一会儿巢底就涂成了。此后，大约每隔四五分钟，衔土回来涂一次。到巢已造成三分之二时，带了一条被刺而麻醉的青虫飞来。这好像是早已预备好，放在近处的。

把青虫放进巢，蜾蠃再开始运土。一共费去三小时左右，一个石榴形的泥巢就成功了。蜂从顶上，将尾插入产卵，经两三分钟产毕。卵是长椭圆形，长约 3.5 毫米，宽约 1 毫米，带乳白色。真有趣！它们的卵，竟用丝临空悬挂在巢内，这是因为巢内的青虫还未死，怕卵子给它压破。产卵完毕后，再去衔一块泥来，将孔塞住。卵不久孵化而成幼虫，吃青虫而长大，作茧过冬。第二年初夏，化蛹，再变成虫，在巢边穿孔而出。

研究泥蜂造巢，真是一件有趣味的事：它们不但会选择土块，而且同我们造混凝土时一样，里面竟混些石子。造巢用的土，大

概从坚硬结实的道路边和很
干燥的高地上运来。最喜欢
的是砂岩土，像石山上的土
片，也是常被利用的。因为
泥土若不是十分干燥的，即
使混入多少唾液，也不会像
混凝土般凝固，当连着几天
降雨时，就有崩坏的危险了。

螺蠃和它的巢

　　它们混入的砂粒和小石，
形状和质地，当然不同，有
的球形，有的多角，有的是石灰质，有的是石英质，但重量和大
小，全都一致，真使人不能不惊叫起来。巢的内部，怕幼虫要砸
碰，竭力做成平滑；若有突起处，用练泥①一涂；进出口呈喇叭状
的突出，这部分竟全用水泥构成。它们在人类未能制造水泥之前，
早已利用水泥造混凝土了。而且，这样圆顶的巢，普通总是五六
个连排着建造的，因为壁面可互相利用，时间和劳力都比较经济。

　　法布尔认定泥蜂的巢，至少已有把工程美术化的倾向。这巢
是它们孩子的保护所、城堡，照理只要牢固，不要美化。但是，
出入口做成喇叭形，对于巢的保全上，有什么作用呢？无非是一
种装饰。而且这美术的曲线，这希腊式的优美的壶口，简直像是
由技工旋盘造成的。它们嵌在上面的透明石英，也是晶莹悦目。
有时还在巢顶加上一个小蜗牛的脱壳，这又和我们在器具上嵌螺
钿有什么差异？和澳州所产的小舍鸟，用蜗牛壳、美丽的种子、
石子装饰它们的游戏场很相像。

①指去除其中的空气和杂质的泥，土质致密，湿度均匀，利于成形。

六 奇妙的割叶蜂

蔷薇和梨树的叶子，有时边上被挖去一大块，这就是割叶蜂的成绩。割叶蜂（Megachile doederleini）是体现黑色、胸部密生黄褐毛、翅紫蓝色、脚黑色的中型蜂。它们常常从植物的叶上割取圆形或椭圆形的块，衔回来做巢里的衬垫和隔壁，所以有这样一个名字。

割叶蜂

它们的巢，先在树木的干中和泥里，开一条长 10 厘米左右的隧道，有时利用柳树中天牛的空巢，再飞到蔷薇、梨树等叶上，捉住叶缘，用大颚像剪纸般剪下圆圆的一片，运回巢去。最先割来的叶片最大，稍呈椭圆形，在洞口附近，将它做成圆筒状的袋，一直推到洞底；再去割三四片来（稍小，呈圆形），挨次垫在圆筒形袋子的里面。于是，它再飞向花间，用后脚采集花粉和花蜜，附在腹下带回来，塞在这叶片筒里。再产一粒卵，割取一片最后的叶片，做这圆筒的盖，大功就告成了。此后，再在第一房的上面，同样地建造第二房，有时八房、十房，成一直线地连接着，也有各房分开建造的。卵孵化后，幼虫就吃它贮藏的花蜜，再吃花粉团子，经过两星期左右，吐丝作茧，化蛹越冬，到来春再羽化而为成虫。奇妙的是：所贮藏的食料，恰恰足够养大一条幼虫。

七 过寄生生活的小蜂

　　蝶在娇艳的花上飞翔，青虫在鲜绿的叶间匍匐，谁都认为是一种优闲平和的生活。但这只是表面的观察，其实时时受寄生蜂这种可怕的敌人的威胁，能够终其天年的很少。

　　寄生蜂种类极多，若调查起来，只我国也有几千种吧！它们形体微小，常人不大留意，若明白了它们寄生生活的巧妙，谁也不禁要打个寒噤吧！

　　寄生蜂中，有的专寄生于种种昆虫的卵，有的是幼虫，有的是蛹和成虫。寄生于卵的蜂，多是寄生蜂中最微细的。寄生于稻的害虫——二化螟虫卵中的红色螟卵蜂，体长只0.5毫米。它们飞到产在稻叶上的二化螟虫的卵块上来，用产卵管刺入卵中，各产一粒椭圆形的卵。不久孵化成幼虫，吃螟卵的内容物而长大，约经一星期化蛹，这时卵的内容物差不多已经吃完了。再过两三天，卵化为成虫，咬一个洞而向外界飞出。因为它能够吃螟虫的卵，所以在我们人类倒认为是益虫。

　　再把寄生于昆虫幼虫的蜂来说一说：诸位总也见过吧，专吃菜叶的青虫身上，往往有许多黄色椭圆形的茧附着，这是青虫小茧蜂的茧。这蜂用产卵管向青虫体内产进近于椭圆形的卵。卵孵化成幼虫，吃宿主的血液、

瑠璃蛱蝶

脂肪而长大，老熟后，咬穿青虫的皮肤而外出，吐丝作茧，再化成虫而飞出。寄生在瑠璃蛱蝶（Vanessa canace, nojaponica）的幼虫上的小茧蜂，多是许多茧堆积起来，上面再盖棉絮似的东西。

寄生于蛹的寄生蜂中，最普通的，要算黄脚膜子小蜂。它们的后脚，粗而有黄纹，常常产卵在毛虫和粉蝶的蛹内。介壳虫是果树的大害虫，但也因种种寄生蜂的寄生，不能任意繁殖。

寄生于成虫的寄生蜂比较少。像害菜类的甲虫（名克斯期纳米虫）的身上，也有属于小茧蜂科的培利利矣他斯蜂寄生。这蜂将产卵管刺入成虫体内产卵。幼虫老熟后，从肛门出来，入泥中作茧化蛹。

寄生蜂的成虫，在野外吃花蜜、花粉，以及蚜虫和介壳虫所分泌的蜜汁过活。有的用产卵管刺宿主，而吸食宿主的体液。交尾后，雌的便探寻宿主产卵，但也有未经交尾就产卵的。受精卵能产生雌、雄蜂，未受精的卵，大都只产雄蜂，也有只产雌蜂的。这种情况，对遗传学者来说是一种好材料。

昆虫常因种种寄生蜂的寄生而死灭，上面已经讲过。所以能够杀戮害虫的寄生蜂，在我们要算益虫。当新害虫从国外输入而蔓衍各地的时候，赶忙从原产地去运些寄生蜂来，收效尤其显著。像美国偶然从欧洲带进了一种栗类的毛虫，大大地繁殖，后来再从欧洲采运许多寄生蜂，因而逐渐消灭。日本九州曾从我国带去一种名叫刺粉虱的橘类害虫，后来由意大利昆虫学家西鲁培斯笃利博士，从广州带了些微细的寄生虫到九州去，现在这害虫就几乎绝迹。日本农林省曾因二化螟虫猖獗，特地派人到我国、东南亚一带，调查寄生蜂，结果发现一种卵寄生蜂和一种幼虫寄生蜂，之后努力研究利用。

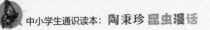

八 水栖的小蜂

　　寄生水栖昆虫身体里的蜂也不少，现在拣比较有趣的两三种，来简单地介绍下：

　　欧洲西部有一种属于小蜂科的寄生蜂，名叫泼来斯脱会开阿克滑气加（Prestwicha aquatica），是寄生在水栖昆虫的卵子中的。那位英国有名的昆虫学者拉仆克，有一天在研究淡水中的虾类和别的水栖动物时，发现一种微小的蜂，活泼地和那几种动物一起游泳，大吃一惊。这种蜂在伦敦很少，但柏林附近，以及德国北部是很多的。它的体长只 0.6 毫米左右，用长长的脚，巧妙地游泳。雄蜂有小小的鳞状前翅；雌蜂翅上有一个柄，宛同树叶。翅的前缘，密生毡毛，后翅很细，变成丝状。它们寄生在水栖椿象的卵上，有时种水栖甲虫的卵上，也要寄生的。据苦纳克的调查，一粒松藻虫的卵上，竟有 24 只小蜂。

　　日本也有属于小蜂科的水栖蜂，名叫阿苦利恶气泼斯阿尔马兹（Agriotypus armatus），是体长 0.5 厘米左右的黑色小蜂，但棱状部有向后的锐齿，所以容易和别种区别。雌蜂有短的产卵管，前翅有三条褐纹。天气晴朗的时候，成群在河面沟畔飞翔。这时，已受精的就潜入水中，搜寻宿主。它们很细心地顺着水草茎，深深地钻到水底，有时竟有十分钟之久，方才上来。

　　石蚕的幼虫，用小石造了筒状的巢，在里面生活。自己以为是不怕外敌侵入的最安全的住所。可是，这种水栖蜂深深地潜入

水栖蜂的幼虫

水中，将产卵管插入它们的体中，产下卵子。幼虫孵化后，先吃它生活上最无关系的部分，所以宿主仍旧不死。有时，这宿主不管有寄生虫在里面，为了自己要化蛹，也把巢口封闭起来，可是，终究为寄生虫所毙。

水栖蜂的幼虫完全长成后，将宿主的残骸推到一边，在那儿造茧化蛹。茧上还有一根细细的管，这是露出水面、呼吸空气用的。这种细管，对水栖蜂是非常重要的。若将它拉断，那么这蜂永远不能到水上来了。

岸旁原有许多毛虫、青虫，它们偏偏要潜入水中，将卵产在躲在坚牢石筒中的石蚕身上。这种寄生本能，不是够奇怪吗？而且母蜂在卵子产入石蚕体中后，不久便死去，所以不论幼虫、成虫，都没有得到母亲指导的机会。但它们年年岁岁循着同一轨道而进行，不是更奇怪吗？

此外，还有一种属于卵蜂科的亚那苦儿斯，斯步夫臼斯苦斯（Anayrus subfuscus）水栖蜂，是专寄生在蜻蜓的卵子中的。它们的特征是：翅呈丝状，前后两缘有长毛。雌蜂有短短的产卵管，触角的尖端呈棍棒状。它们身长平均只有 0.5 毫米左右，太小了，所以不用放大镜，只见暗色的一点，与那些纤毛虫和阿米巴等单细胞动物，差不多大小。可是，这渺小的体积中竟具有和我们高等动物同样复杂的机关——脑、神经、眼、触角、肠，以及其他一切附属物，复杂的筋肉组织、呼吸器、生殖器等，统统齐全。我们不能不惊叹这自然的杰作。

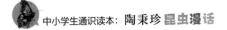

九 蜂类的进步

　　昆虫的本能，向来认为是循着一定轨道，不会变化的。可是，如今在蜂类中已有种种变化发生了。

　　南美和中美，有一种无刺蜜蜂，本来是吸食花蜜、花粉的，现在竟要吸食煤油了。它们常集在臭气扑鼻的黑色柏油（tar）和重油的罐上，一心一意地津津有味地吸食。这种热心状况，和普通蜜蜂集在花朵上吸蜜采粉，丝毫无异。据休白兹博士的报告，若煤油罐旁有油流出来时，即使旁边放一根富于糖分的香蕉，它们也决不一顾，专心集在煤油上。它们有时竟为了要独占煤油，和别巢的蜂拼命斗争。

　　煤油是近代以来才发现的东西，不是这种蜂向来吃的食物，这是很明显的。那么这种现象怎样解说呢？这种蜂原是采集植物的树脂、新芽中的蜡，现在发现，利用煤油中的蜡质物，时间、劳力都要经济得多；于是，就停止向植物采蜡，而专来吃煤油了。为了节省时间和劳力，即使这样恶臭扑鼻，蜂也毫不厌恶。动物的本能，真是与时俱新。

　　胡蜂的食物，本来以小虫为主，有时吃点果实和树液，现在竟要盗食牛肉、猪肉了，这在前面已经说过了。胡蜂为了要吸食蜂蜜，常集在巢箱上盗蜜，有时会捕捉门口守卫的工蜂，这些事，在杂食性的胡蜂原不算怎样。要到肉店里来偷鲜肉吃，是后来才有的事。

　　昆虫只依本能而活动，被一定的轨道束缚着的，这样认定的人，万万想不到蜂会吸食煤油和偷鲜肉吃的啊！

第二章

蜜蜂

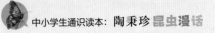

一　巢房——六角形小房

蜜蜂的巢：野生的大都造在大树的空洞里；饲养的，在人造的巢箱中。但巢房的构造完全一样，各房都是六角形的小房，排列得整整齐齐，看了真叫人吃惊。现在我们要研究的：第一是什么材料，从哪里得来？第二是为什么造成六角形？

巢房的材料，从前大家都以为也是从花里采来的，近来才明白这些蜡性物质，是从它自己腹面第三、四、五、六环节上，四对蜡镜分泌的。这蜡镜，表面是薄板，下面有一排分泌细胞。当造巢时，年轻的工蜂，先吃了许多蜜，集合在巢的天花板上。经过18小时至24小时，腹面的蜡镜便有蜡液分泌。这些分泌液碰到空气，就凝成薄片，和透明的云母片相似。它们将这薄片，衔在口里，混入酸性的唾液，练成一种软膏似的物质，这就是造巢房的材料。这种蜂蜡，不论在扩展性方面，在强韧性方面，以及耐热性方面，几乎没有可以和它比拟的东西。

我们去看一看蜂巢的内部，更要吃惊：从顶挂下好多片巢脾，直延到稍离底处，各片间都离开一厘米左右的空隙。巢脾的两面，排列着用薄薄的蜡壁隔开的六角形小房。各面小房，都是底和底相接，房底稍呈三棱形。这巢房的构造，不论在材料、面积、重量方面，都是最经济的，大概更好的理想建筑物，此外没有了吧！

六角形的构造，是一种自然法则。凡圆筒形的物体，左右前后受压时，它的截断面就呈六角形。所以有些人说："蜜蜂造六角形巢房，用不着大惊小怪，这无非是机械地相互干涉的结果，并不是构造者的本领。如果我们把许多小小的粉团，满满地装进瓶内，使它们互相挤压，也都呈六角形了。"可是，瓶内的粉团，原是各个分开的，所以有互相干涉的机会，蜜蜂六角形的巢，是连成一片的，不能互相干涉。而且我们试把蜜蜂正在构造的六角形的巢房，仔细观察一下：它们造巢的第一步是房底，四周已是六边形，以便上面再树立隔离各室的六块壁板，可见构造者的头脑里，起初就有六角形的意识了。

那么，这小小的蜜蜂，为什么要造六角形的巢房呢？真难明白：难道它们起初是造圆筒形的巢房，后来发现种种不合理，逐渐改进，而达到现在这样完全境地吗？还是因为六角形有可以完全相密接的利益，而且容积又和圆筒形差不多，所以采用的吗？总之，我们现在看了这种蜜蜂，有根据六角形法则造巢的能力，觉得除本能之外，它们也许有近乎理性的某种性能。从前以为，人类以外的动物，都是依本能而活动，没有理性和智性的。这种假说，实在什么根据都没有。本能和智性，智性和理性之间，并没有很清楚的界限。

蜂巢

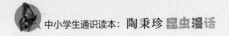

二 蜜蜂中的三型
——女王、雄蜂和工蜂

　　蜜蜂女王所产的卵只一种，但由卵产生的蜂，倒有将来做女王的雌蜂、生殖器退化的工蜂和被称为懒汉的雄蜂三种。同一卵子，能产生三种不同的蜂，从前认为是一种神秘现象，现在已稍稍明白它的缘由，这里且大略地说明一下：

　　女王产卵的房有三种：一是工蜂房，小型，最多；一是雄蜂房，比工蜂房稍大；还有一种称为王台，面积要比别的房大上几倍。女王产卵时，是有意地应了房的大小，产下各种卵子呢，还是无意识地随意将卵产在这些房里呢？奇妙的是：产在雄蜂房里的卵子，必定生雄蜂；产在工蜂房里的卵子，必定生工蜂。这样看来，不能不认作女王是有意识地分别产卵。

　　可是，王台中的卵子和工蜂房中的卵子，委实丝毫无异。试把卵子交换一下，便立刻知道：将原在王台中的卵子，移到工蜂房中，孵化出来必成工蜂；移入王台中的工蜂卵，孵化出来必成女王；可见同一卵子，由工蜂的处理，有的成女王，有的成工蜂。在工蜂房中的幼虫，只受得少量食物，将来可成女王的幼虫室里，有浓厚蜂蜜和树脂、新芽等多种富于养分的食物，几乎堆得把女王身子埋没了。它得到充分的营养，不但生殖器发达了，形体方面，也和工蜂大有差异：工蜂身躯短、腹端圆，颚上没有齿，舌也短；可是王蜂呢，身躯长、腹端呈圆锥形，大颚上有齿，舌也长。而且，女王腹面没有蜡镜，脚上没有采取花粉用的盏。女王的毒刺，弯曲而长，工蜂的刺短而直。它的颜色也和工蜂不同，带暗色而有光泽。此外还可由种种实验，证明女王和工蜂的差别，只由食物的多少、房屋的大小决定：凡孵化后未到三天的工蜂幼虫，也可使它变成女王。

可是要成雄蜂的卵子，和要成女王、工蜂的卵子不同，是一种未受精的卵子。因为不论受精的卵子，还是未受精的卵子，都是从同一产卵管产下的，所以它们好像降到输卵管时才受精的。若交尾时全部卵子都已受精了，那么不应该还有雄蜂卵。交尾口和产卵口，完全分在两处。精子先在受精囊里贮藏着，等卵子下降到输卵管时，再行受精，这是蜂类中的通性。

近代爱特华特博士，对于蜜蜂的产卵，做下面这样说明：

蜜蜂也和别的昆虫同样，不愿与血统相近的同胞交尾。同巢中的雄蜂，对于女王，毫无交涉，不论巢内巢外，决不交尾。未

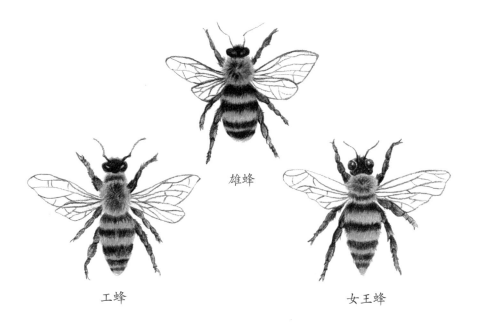

雄蜂

工蜂

女王蜂

受精的新女王，向空中飞出时，为了要记忆自己的巢，必定在上空绕飞好多回，到了发现可做标识的某物时，便箭一般飞去，出发恋爱旅行了。它见到周围飞翔最快，而最强健的别巢雄蜂，就和它交尾；不久，回到自己巢里来，像上面说的那样产卵。

女王从雄蜂受得的精子，贮在受精囊里，不入卵巢；所以它的卵子，还全是未受精的。女王在三种大小不同的房中产卵时，因房的大小，腹端屈曲的度数也不同。当女王将尾端插入小房中产卵时，因为狭隘，当然受一种压挤，腹部收缩，精子便流出而受精；反之，在宽大的雄蜂房产卵时，毫不受压挤，腹部不收缩，同平时一样，精子不流出；因此，产下的便是将来成雄蜂的未受精的卵子。

如果问一句：那么王台不是更宽大吗？更不会受挤压吗？为什么它也收缩腹部，使精液流出，而产下可成女王的受精卵呢？这除了说它见了王台，有意识地产下受精卵之外，也没有什么其他理由可讲。

三 分封

蜜蜂社会，从春初起，女王和工蜂，努力从事于子孙的繁殖。女王像上面所说那样，在各房里产下了各种卵子后，工蜂便负起养护的责任，用称为"蜜蜂乳"的一种浓厚蜜汁，喂饲幼虫。到幼虫充分长成，工蜂使用蜡质物将房口封闭。于是，幼虫在里面：吐丝、造茧、化蛹，不久羽化为蜂。一到夏季，女王产卵特别起劲，每天产3万多枚的，也并不算稀奇。普通一昼夜，其可产重量等于身体两倍的卵子，所以蜜蜂数量的增加非常迅速。到了有翅居民充满巢内，而巢又无法再扩充时，便开始分封了。

分封时，一巢大约有3万到10万工蜂。移动的命令一下，至少有一半工蜂，伴着旧女王，一同从门口飞出。将要移动的蜂，正同发疯一般，嗡嗡发声，连花粉、花蜜都不去采了；但将来留在旧巢的蜂，好像毫不知有分封这回事，依旧平静地忠实服务。那么，应该留在旧巢的蜂，和可以跟了分封的蜂，有什么区别点吗？这是现在还无法说明的奇异现象。不过在分封前，先有许多探子出发，大概是要把女王带到最安全的地方。

蜜蜂社会中，如果没有新女王，是不能经营新社会的。而新女王在旧巢中产生，又正是要分封的时候，所以新女王即使已经充分长成，也不许它轻易出房，门口特地设一守卫，提防新女王逃出。

分封最适宜的天候一到，旧女王便带了一半工蜂，出发旅行，另筑新巢。留在旧巢的新女王，便从房中出来，等到天气晴朗，飞到空中，和别巢的雄蜂交尾，受精回巢，成完全的女王，像前面所说那样起劲产卵。留在巢房里的另外几只新女王，大都为先出的女王所杀，但也有带了一部分工蜂而再分封的。

　　这分封的团体，有时停留在树干上或篱笆间，集成直径33厘米左右的一团。这样经过几小时，方才向远方飞去，寻得枯木的空洞等，在那里造巢，免得和旧巢的同胞做生存竞争。

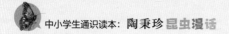

四 信号

　　蜜蜂的嗅觉很灵敏，它们不仅能依香寻花，若把别巢的女王或工蜂，放进巢里，全巢必起骚乱。因为嗅得它们有各异的体臭，而且女王身上有一种香腺，不绝地分泌液汁，发散香气，巢中是否有女王，也能从嗅觉辨知。此外巢内起某种变异时，工蜂所发的嗡嗡之声，各巢都有各异的音色。这些体臭和鸣声，就是蜜蜂社会的信号，使各工蜂采蜜回来时，不致误入别巢。可是，蜂还有神妙的地方，简直使人产生这样的怀疑：难道蜂群中有一种语言吗？

　　工蜂发现了某种花，采了许多蜜回来时，巢中同伴必定立刻接二连三地出发。而出发的只数，又完全以彼处蜜量的多少为准，绝不会在必要以上。这时，便有两个疑问出现了：（一）工蜂怎样知道该出发的只数？（二）工蜂怎样把新花所在地通知同伴，还是直接引导它们去呢？夫利休教授曾经做过一次实验：在工蜂身上，涂一种颜料做记号，一方面把蜜汁或其他蜂爱吃的食物，放在一定场所，这有记号的工蜂，回到巢里来时，将有什么举动，一一留意看着。他由这实验，居然解决了上面两个疑问。

　　工蜂吸收了大量的蜜汁回来时，就在巢房内跳一种回转舞。在它邻近的工蜂，看到这种回转舞，知道已找到蜜量很多的花，都赶忙飞向野外。反之，若某工蜂只采得少量蜜回来时，它并不跳舞，别的工蜂也不外出。换一句话，这回转舞是一种信号，是通知同伴已发现蜜量很多的花时用的。

工蜂怎样把新花所在地通知同伴呢？从前大家以为寻得这花的工蜂，把同伴带了去。其实，别的工蜂不等发现者引导，立刻飞出巢外。它们在 500 米到 1000 米内，热心搜寻。可是，这种搜寻，并不是毫无根据地瞎撞乱碰，它们早有依据的。发现者得蜜归巢时，体毛上必定带着这花所有的香气。它在巢内跳舞时，使这种香气发散，而且别的工蜂，也爬到这发现者跟前来，辨认这香气。它们是以这种香气为目标，到处热心访求的。

可是，花里面也有许多没有香气的，那么它们又拿什么做目标？这种质问，当然要来的。最近有一有趣的发现：蜜蜂有一种能够伸缩的分泌腺，开口在尾端附近。这种分泌腺所发散的香气，即使我们人的嗅觉都闻得出，在蜜蜂，当然更容易辨认。某工蜂发现含有多量蜜汁的花时，一面采集花蜜，一面将自身固有的香气，从分泌口发散。所以不管这花有香无香，工蜂自己的香气，已经发散在这花上，别的同伴，当然立刻能够寻得。

若雨天连续，花已飘零，出去采食的蜂也少。可是，到天气再晴朗，这新发现的花又开，从这花归来的工蜂，又在巢内跳回旋舞时，巢内便骚然了。曾有在这花上采蜜经验的工蜂，绝不能再停留在巢中，统统向这花飞去。

工蜂里面，也实行分业，有采花粉的和采花蜜的两种。跳舞的姿态，也各不同：采花蜜的蜂，回旋的圈子很小，30 秒内，可旋十几回，而且不是向同一方向旋的。采花粉的蜂跳舞，回旋得更优美而迅速——以头部为中心，先向右侧旋半圈，再向左侧旋半圈；一般少则旋了 4 回，多则到 12 回，便休息了。这种举动，刺激了周围的工蜂，有些像狗运用嗅觉似的，集到采集者身边来，想讨得某种新消息。

五 尾上针

我们若走近蜂巢，想看看它们造巢的情形时，往往要中暗箭的。被刺的部分，立刻红肿，和浸到热水里一般疼痛。被这般小小的蜂放了一针，要这等疼痛难忍，真叫人难以置信。

我们若用布片包了手，捉一只蜜蜂来，在肚上面轻轻挤压，便有发一般细、褐色的锐针从尾尖出来，这就是蜜蜂防敌用的武器，保护自身的短剑。平常为防尖端变钝，收藏在身中的鞘内，到危险迫身时，突然放出。

倘蜜蜂的针，只不过尖锐罢了，那么即使被刺，也不会感到怎样疼痛。我们觉得痛的，就因为针上涂有毒汁。试压挤它的腹部，那么从尾尖出来的针头上，有清水似的液体，这就是惹起疼痛的毒汁。

蜂是个吝啬鬼，螫刺时出来的毒汁，只有一些些。可是藏在身体里的却很多，出来的只不过几十分之一。

好像准备不论哪时立刻可用似的，这种毒汁满满地藏在针根的小囊里。当用针刺时，这囊一缩，便有一些毒汁，沿着针上的小沟流出，同时注入伤口。

贮藏这种毒汁的囊，构造很有趣，所以想讲一讲：当压挤它的腹面，针从尾端出来时，用镊子钳住，慢慢地拉，那么针便被拔出，而且针根还有小小的一粒白囊跟了来，这就是毒汁的囊；看着虽小，倒足够用几十回呢。而且一面用，一面在制造新毒汁，所以囊里常常是满的。

放了刺的蜂，只怕有什么危险到来，所以赶忙逃走，有时连针也来不及拔，就这样留着飞去了。因为针尖更有许多小钩，一次刺入皮肤后，要拔出来，的确要费好些工夫。这时，不仅针，连内脏毒囊都留下，所以蜂不久会死去。

被刺的人，当拔取留在伤口的针时，总去捏针根粗的部分。他们认为这是针根，其实是毒囊。这毒囊往往在指间挤破，贮在囊里的毒汁，都沿针流入伤口，疼痛格外厉害。所以拔针时，必须捏住细的部分。

这般毒的东西，若去尝一滴，一定要痛得死去活来，谁都要这样想吧！其实，即使把毒汁放在舌头上，也并不怎样，既不酸又不辣，完全同水一般。把它吞了下去，后来也没有什么疾害。简单说来，虽叫作毒汁，其实是没有毒的。

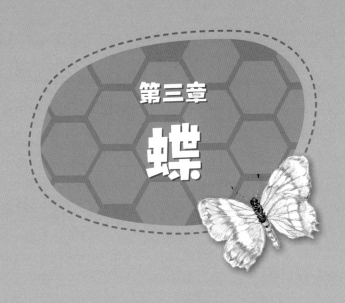

第三章

蝶

一 食肉性的小灰蝶

每当日丽风和、草长花放的时候，便有各种美丽的蝴蝶在枝头草上翩跹飞舞，报告你春已到临。其中鼓着小小的青色翅膀，徘徊于紫云英上的，便是小灰蝶。

它们好像不知道什么叫不安，什么叫压迫；有时雌雄相戏，追求生物共通的恋爱生活。雌蝶灰色，装饰并不鲜艳，雄蝶多是美丽的赤色、青色、紫色。

紫色小灰蝶（Amblypodia japonica f. drornicus）是我国南方常见的，两翅张开有 36 毫米左右。翅是黑色，只中央带紫色，翅的底面是灰褐色，又有暗褐色的细纹。当两翅竖着时，简直和枯叶一般无二。它们借此瞒过雀类和杜鹃的眼，但又怕减少了与异性认识的机会，所以不停开合翅膀，要露出表面的紫色来显示自己的存在。

紫色小灰蝶

乌小灰蝶

乌小灰蝶（Thecla w-album f. fentoni）两翅张开有 30 毫米左右。翅是黑褐色，前翅的外缘附近有一带白色，底面是暗褐色；后翅有略呈 W 形的白带，外缘有一条橙色纹。幼虫要吃苹果等树的叶子。产在我国北方。

燕小灰蝶（Everes argiades f. kawaii）是分布于全世界的普通种，但形态常因气候而有变更。两翅张开达 24 毫米。翅是紫蓝色，外缘黑色，缘毛是白色，斑纹及后翅的尾状突起是黑色。雌蝶全部是黑色，但有橙黄色的斑点。

燕小灰蝶

波纹小灰蝶

全世界属于小灰蝶科的蝶类有很多，在我国的当然也不少，怕读者要感到乏味，不再一一列举，只把幼虫和蚁共栖的事实，来大略一讲：

波纹小灰蝶（Lampides boeticus）翅青白色，是产在热带的豆科植物的害虫。它们的幼虫，常被蚁围绕着。蚁一面头对头地挤着，一面用触角碰这幼虫，或轻轻地敲打它的腹部，仿佛我们的呵痒。于是，幼虫兴奋起来，便分泌一种甘露给它们吃，因此，它们常受蚁的保护。有时人们竟能在蚁巢中看到这种幼虫。

地中海沿岸有一种叫作泰尔苦斯、台亚夫刺斯斯（Tarucus theophrostus）的小灰蝶，常成群飞翔。幼虫绿色扁平，要吃枣树的叶子，有时竟把全树吃得只剩光杆儿。这些幼虫，必定有一种蚁跟着走。当幼虫成熟化蛹时，蚁便衔了搬运到自己的巢里去，用土盖着，好好地保护。当蛹羽化成蝶时，也有因两翅不能展开而横倒的，蚁便赶忙跑去扶起。

蚁肯保护小灰蝶幼虫，像上面所说，是因为它们能分泌甘露给蚁吃。幼虫的第七环节后缘中央，有一条横沟，生着一种瘤状突起。这瘤状突起，常分泌一种蚁爱吃的甘露。蚁一发现了这种小灰蝶的幼虫，便把以前很重视的蚜虫，弃若敝屣，一齐集到这边来。幼虫的第八环节气门的后方还有两个管状突起，据独猛氏的主张，大概是发散某种香气，引诱蚁类用的。

但并不能说一切小灰蝶的幼虫，都是有利于蚁的。像印度所产的利夫刺·蒲刺索利斯（Liphyra brassolis）小灰蝶，常产卵在职蚁的巢穴附近。从卵孵化的幼虫，便潜入蚁巢中，捕食蚁的幼虫。它们也同别的小灰蝶的幼虫同样，形状恰像蛞蝓，身子扁平，两侧有刃状物突出，而且背部和两侧，都像甲壳般硬化，各环节的关节，也看不清楚。只腹部中央是柔软的，但两侧也密生毡毛，能够避免蚁的攻击。它们的头部，即便被蚁咬住了，只需向坚牢的胸板下面那么一缩，蚁便无可奈何了。

蛹也在蚁巢中。所奇异的就是：由蛹羽化而出的小蝶，鳞毛很容易脱落。它们略略一动，鳞毛便像尘埃似的飞起。有时，蚁看见有蝶而去攻击，它便使鳞毛纷纷脱落，自己安全地飞出巢外了。

像这样食肉性的蝶类幼虫，在小灰蝶中也不少：日本有捕食竹上蚜虫的碁子小灰蝶（Taraka hamada f. thalada），中国台湾更有不少白纹黑色小灰蝶的幼虫，身上盖了一层白蜡，捕食介壳虫和别的昆虫。

碁子小灰蝶

二 奇妙的木叶蝶

　　古人对于昆虫产生的经过不大清楚，往往用种种臆测的化生说来说明，如"腐草化为萤"就是一个著名的例子。对于蝶，也同样硬说是树叶所化。《庄子·至乐篇》说：

　　陵舃得郁栖则为乌足，乌足之根为蛴螬，其叶为蝴蝶。

　　在《北户录》中，更有一则不容忽视的记录：

　　段公路南行，历悬藤峡，维舟饮水。睹岩侧有一木五彩，初谓丹青之树，命仆采获一枝，尚缀软蝶凡二十余个，有翠绀缕者、金眼者、丁香眼者、紫斑眼者、黑花者、黄白者、绯脉者、大如蝙蝠者、小如榆荚者。因登岸视之，乃知木叶化焉。

　　峡以悬藤为名，是桂粤一带的风土，这一带正是出产木叶蝶的地方，所以，这位段先生所看到的，也许是木叶蝶，因形态和木叶一模一样，就发生了"木叶化焉"的误会。现在且把木叶蝶的形态和习性来讲一讲，证明我的推测也有几分合理。

　　木叶蝶（Kallima inachus f. acerifolia）两翅张开有 66 至 90 毫米。翅的正面很美丽，是紫蓝色，前翅上还有一条橙色的阔带。底面却多是暗色，像浓褐、赤褐、黄褐等，全都是枯叶的颜

木叶蝶

色，再加上像木叶中肋、横肋似的纹条，这中肋似的纹，还一直延长到后翅的末端，看起来更加像木叶了。更奇妙的是，这上面还有暗色的斑点散布着，好像枯叶上的霉斑，而且这些斑点的排列，又毫不整齐。所以当它们竖着翅膀，静止在枝头时，谁都要当枯叶看。日本昆虫学家松村松年曾采集了几十只木叶蝶，斑纹、色彩没有相同的，所以《北户录》中要用什么翠绀缕、金眼、紫斑眼等来形容了。

当不必提防外敌的时候，它们便把翅不断地开合，使同类知道自己在哪儿。万一瞒骗不过，而强敌已逼近时，它们便向森林的枯叶间落下，横卧在叶间，谁也辨认不出。

三　有趣的粉蝶

　　粉蝶科中的蝶类，大都是中等体形，常常集在花上。有时，牛马的粪尿上、雨后的水潭上及河边的沙砾上也有它们的踪迹。体色多是白色，但也有黄色的。现在把有特征的几种，给大家说一说：

　　黑脉粉蝶（Aporia crataegi f. adherdal）是两翅张开有76毫米左右，白色，稍稍大型的蝶。翅也比较阔大，外缘和翅底是黑色，翅脉也是黑色。粉蝶科里，有黑翅脉的，只这一种。身子黑色，上面密生灰白色的毛。分布在欧洲、朝鲜和日本北海道。本来粉蝶的幼虫，普通只生着短毛；这黑脉粉蝶的幼虫，却生着比较长的体毛。它们在苹果树的枯叶内越冬，一到次年早春，便起劲食害苹果树的新芽。蛹是白色，上面有黑纹和黄纹，经两周左右而羽化。这种蝶有一特点，就是当它从蛹化蝶而外出时，从尾端渗出血一般的排泄物。这是蛹时代所分泌的尿液。当多数黑脉粉蝶一齐羽化时，往往将枝叶和地面染成鲜红。在德国就叫作"血雨"。从前迷信很盛的时代，德国人

黑脉粉蝶

云间黄裾蝶

说这些是最美丽的血，是某人将遭横死的前兆；而且还发生过两万多犹太人被屠杀，因此无辜牺牲的大惨剧。

云间黄裾蝶（Anthocharis scolynus f. kobayashii）两翅张开有 45 毫米左右。翅是白色，横脉上一点和翅端是黑色。雄的前翅末端是橙黄色，底面有灰绿色粗斑；当静止的时候，恰像一种植物的叶子。后翅底面的斑纹，和满天飞行的灰色云块相似，所以有这样一个名字。雌蝶前翅的表面全是白色，分布在中国、朝鲜、欧洲等地方。

卵子起初是白色，后来出现橙色，到孵化前竟带紫色了。幼虫栖息在十字花科植物——碎米荠的枝叶间，它的形态和碎米荠的角相似，它们淡色的亚背线，和角的缝线相当，而且保持着一定比例，跟着角的长大而长大。所以要发现这种幼虫，的确相当困难。它们更喜欢吃种子，所以有种子的时候，是不吃荚的部分的。到了七月底，它们就化成细长的绿色的蛹，就这样越冬，到第二年四五月里羽化。有时它们竟忘却羽化，以蛹的状态，睡到 20 个月。

红裾粉蝶（Hebomoia glaucippe f. liukiuensis）是比较大型而美丽的蝶，两翅张开，有 100 毫米左右。翅是苍白色，前缘暗褐色，翅端是美丽的赤橙色，中间还有四个暗黑色的斑点。雌的色彩较淡，呈黄色或暗灰色，后翅外缘暗色。各室有暗色纹，分布在中国大陆、中国台湾、印度、南洋等地方，每年从四月起出现。虽到处都能看到，但它们飞翔迅速，难以捕获。

粉蝶（Pieris rapae f. crucivora）是到处都有的、两翅张开约50毫米的白色蝶类。全翅底面的一半和正面的前缘是灰白色，斑纹是黑褐色。雌的比雄的大些，黑褐色的部分也较多，斑纹更明显。它们产卵时，为了避免弟兄们争夺食物，所以绝不把两三百粒卵子产在一起。它们是向食草的叶背，一粒一粒地产卵。卵子孵化成绿色的幼虫，再过两三星期，就变成3.3厘米左右的青虫。于是，它们离了食草，钻入篱边草丛中化蛹；再过一星期左右，又成白蝶，而在花间翩跹飞舞了。

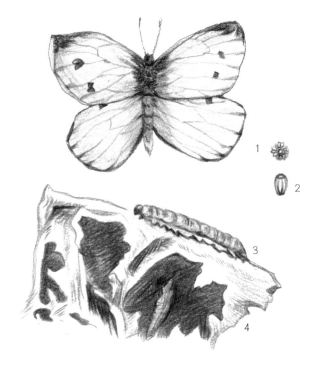

粉蝶的生活史：1.成虫（雌）；2.卵；3.幼虫；4.蛹

这种蝶的幼虫，是十字花科蔬菜的大害虫，有好几种寄生蜂要寄生在它们身上。最普通的，是一种小茧蜂。我们往往在粉蝶蛹的近旁，看到多数集合的白色小茧。这就是小茧蜂的幼虫从粉蝶的蛹内出来所化成的蛹。被这些寄生蜂和寄生虫杀害的幼虫，约占七成半，所以粉蝶不能大量繁殖。

有时这些寄生蜂类，因某种缘由而不出现，适宜于粉蝶繁殖的天气，又一天一天地继续着，它们以非常迅速之势繁殖。奥地利曾有一次粉蝶大量繁殖的情况，连火车都被阻住。陀鲁博士曾有关于这事的记载，将大要抄在下面吧：

从前粉蝶幼虫大繁殖的时候，它们吃尽了一些植物，成群到道路上来，简直使我们不能通行。像从蒲鲁尤市到蒲拉古市的火车，竟因此停开。因为被轧死的青虫的体液，使轮子空旋。这好像是不能相信的话，其实我是目睹的。那些象啊、水牛啊，都不能阻止火车，而这样小小的青虫，竟能阻它行进。后来，人们在轮子上加了铁索，好容易照旧开驶。

四 卵和幼虫

谁都知道，蝶是要经过几次变化，才插上美丽的四翅，向空中翩跹作舞。所以发生方面，不再详说，只把各科的特点，来介绍一下，以供采集时参考。

蝶类的卵，若用显微镜扩大了看，便知道有种种形状：凤蝶科的卵，大概是球形，像珍珠般发光；粉蝶科的是细长形，而且像个酒瓶，有些上面还有纵襞；蛱蝶科的卵，同珍珠结成的球一般，有纵襞和网孔状突起；小灰蝶科的，多呈大丽花形。

它们产卵时，以一粒一粒产为原则，但黄凤蝶（Luhedorfia japonica）及属于蛱蝶科的其他蝶，是几粒几粒产的。至于附着卵的位置，更没有什么规律，像凤蝶科里，凤蝶（Papilio xuthus）是将卵附在幼虫将来的食料——柑橘等树的叶子表面，但黄凤蝶却一定要产在叶底面；粉蝶和黑筋蝶（Pierisnapi f. nesis）是产在叶底，而同属粉蝶科的黄纹蝶（Colias hyale f. poliographus）却要产在叶面。至于那有名的木叶蝶，偏偏不把卵子直接产附在幼虫要吃的山靛（Sapium sebiferum Roxb）上面，却去产附在覆盖在山靛上空的大树枝上，孵化的幼虫从枝上落下恰巧到达山靛的叶上。

蝶类的幼虫，我们常常叫它青虫或毛虫，构造和蚕一般无二，全身可分为头部及由十三个环节而成的胸腹部，第一到第三环节各生着胸足一对；第六到第九以及第十三各环节，都生着一对腹足。可是形状方面，真是千奇百怪。诸位大概都见过吃橘树和柚树叶子的橘虫吧！如果去碰它们一碰，立刻从第一环节的背面，斜斜地伸出两只黄色肉角，散发一种臭气。这就是凤蝶的幼虫啦！凤蝶科的幼虫，统统有这样的肉角。

凤蝶的幼虫从卵孵化出来的时候，并不是这样绿油油的。最初是褐色中夹着几块白斑，一看要错认作鸟粪。后来，随着长大而逐渐变化的。

粉蝶科的幼虫，形状多平凡，身上生满微毛。蛱蝶科的幼虫，头部和胸腹部都有刺状的突起，所以通常叫它毛虫，不过这突起也因种类而有长短。小灰蝶科的幼虫，都呈馒头状，把头部缩进。

蝶类的幼虫，有许多都集在叶底吃叶的，但喜欢在叶面上的也很多，而且还有些用丝攀住叶子，稳固地集在上面的。像蛱蝶科中的墨蝶（Dichorragia nesimachus f. nesiotes）等幼虫，在移向另一片叶时，常把头向左右呈8字形地摆几摆，就挂上一根丝。此外像赤蛱蝶、黄蛱蝶（Polygonia c-aureum f. Pryeri）和绿小灰蝶（Zephyrus taxila）的幼虫，常将所吃植物的叶子，用丝卷起来，或者将几片叶牵拢，自己住在里面。

蝶类幼虫，不像蛾类幼虫那样，把全无类缘关系的多种植物都放在肚子里，是只吃几种类缘极近的植物。类缘相近的蝶类幼虫，又往往吃同一种的植物，像凤蝶科，多吃柑橘类；纹白蝶科多吃十字花科植物；蛱蝶科的小紫蛱蝶和墨蝶，多吃朴树的叶；蛇目蝶科的全部和弄蝶科中的多数，多吃禾本科的叶子。小灰蝶科幼虫的食性，稍稍和别的不同，像波纹小灰蝶、琉璃小灰蝶（Lycaenopsis argiolus f. ladonides）、小燕小灰蝶（Satsuma ferrea）等的幼虫。是喜欢吃花和嫩果的。最特别的，是碁子小灰蝶的幼虫，它要吃竹叶上的一种蚜虫。蝶类的幼虫，大部分是吃植物的叶子，连蠹入髓部和吃贮藏的谷类的都没有，这种食肉性的碁子小灰蝶，倒是放一异彩的。

五 应用美翅的工艺品

　　"豹死留皮"是一句很通俗的话。现在蝶类死后也都留下一双美翅，供人们应用。最普通的，是从死蝶身上采来的美翅，就这样装在各种工艺品上，其中最美丽的，是用南美所产的一种蝶翅做的。那些青白色的翅，光泽同丝织品一般，而翅脉又恰恰像褶襞，所以把它作为妇人的长裙，配上头、胸、两臂，装入镜框而出售的也有。还有的装在戒指上，或嵌入玻璃内，作为耳环上的装饰。在日本，人们把蝶夹在两片玻璃中，做成花盆或茶杯的垫子而出售。

　　蝶类还有一种特性，就顺便在这里一说，作为全篇的结束：

　　我们知道，蝗虫是常要集成大群，远远地飞到别处去的。但蝶类也有这等群飞的特性，尤其是赤蛱蝶，常常有关于它们群飞的报告。从前非洲曾有一次赤蛱蝶大发生，竟遥遥飞渡地中海，而到欧洲北部。据说冒着逆风在大海上飞行的蝶，恰像池面飘舞的落叶一般，有时，它们也会在水面上停翅休息一下。

　　日本在昭和五年八月二十一日那天，也有一字弄蝶（Parnara guttata f. assamensis）的大群，从近江的石山，经过大阪，直到垂水洋面。听说一字弄蝶的大发生，是和水灾有相当关系的。

第四章

蝉

一 种类和异名

当春蝉传来几声轻快的调子，人们便会不知不觉地有一种飘飘然的春感，即使不曾看到花开蝶舞。油蝉从绿叶茂密的枝头，传播它煎炸似的声音，我真仿佛自己也在油锅中煎炸，它不但来报告夏季已到，而且要用这种单纯尖高的调子，平空增加许多炎热。听到如泣如诉的秋蝉歌声，往往要起一种凄清寂寞之感。如果是诗人的话，便会写出"悲秋""秋感"的诗歌来。所以昆虫世界里，即使有许多出色的歌手和琴师，但能够从春到秋，轮流地用各种相应的声调，使人们凭着听觉，便知道时令更迭的，除蝉之外，恐怕找不到吧。

《埤雅》上说："……谓其变蜕而禅，故曰蝉。"这是它得到这样一个名字的原因。日本人叫它"背见"，因为两颗高高突起的大复眼，使自己能够看得到背脊。当晚春四月，蜜蜂正嗡嗡地在花丛中忙着时，春蝉便悠闲地在枝头开始唱歌了；接着而来，临风高歌的，是蟪蛄、油蝉、茅蜩；到夏去秋来，更有多情寒蜇，低唱别曲，做最后的点缀。现在就按着它们出台奏演的节目单，来分别地介绍一下。

春蝉（Terpnosia pryeri Destant）又名蛥母。《事物绀珠》上说："蛥母似蟪而细，二月鸣。"其实它要到四五月里才出现。体长27毫米，两翅张开是67毫米，黑色而有金毛。腹瓣短小，灰白色，基部暗褐色。常在山中松林里，"其——滑，其——滑"这样起劲地鸣叫。

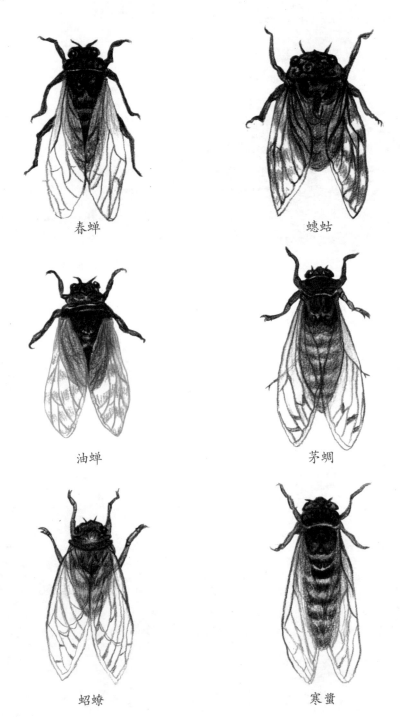

春蝉

蟪蛄

油蝉

茅蜩

蚱蟟

寒螀

蟪蛄（Platypleura kaempferi Fabricius）的别名最多，方言："齐谓之螇螰，楚谓之蟪蛄，秦谓之蛥蚗，自关而东谓之蚗蟧，或谓之蝭蟧，或谓之蜓蚞。"更因为它是初夏才鸣，又名"夏蝉"，体形也较小，长约23毫米，两翅张开是70毫米左右，体阔而扁，呈黄绿色。上有黑纹，前翅有不透明的黑褐斑。七八月里，它从早到晚，不绝地在森林中，用"尼——尼——"或"西——西——"的清越声调歌唱。

油蝉（Graptopsoltria corolata Stal）是最普通的一种蝉，书上多称蜩，通俗就叫作蜘蟟或知了。体长36毫米，两翅张开有100多毫米。身体肥厚，现黑色，胸部略带点褐色，肚子上面还有一层白粉盖着。两只大复眼的中间，有红宝石似的三点单眼，在发光。翅是褐色，但前翅的脉现绿色，而沿着翅脉的两边，带些黑色，看上去恰像树皮。在七、八、九三个月内，常到人家附近，用"其——其——"这般单调而高亢的声音，从清早直叫到日落西山。

茅蜩（Leptopsaltria japonicas Horv）身躯较小，雄长37毫米，雌长27毫米，体黄褐色，上有绿纹，腹瓣小，是带绿的黄白色。从七月到九月出现，每天早晨或傍晚，常常唱着"加那加那——加那加那——"这样简单的曲调。同时期出现而又常常合奏的，还有一种蛁蟟（Pomponia maculaticollis Motschulsky）。

寒蜇（Cosmopsaltria opalifera Walker）有寒蝉、秋蝉等别名。体长27毫米，两翅张开有79毫米，体细长而黑，头、胸部有黄绿纹。到了秋天，它就在人家附近用哀婉凄清的歌调，来致惜别之歌，所以古人常用什么"寒蜇泣"的句子。据《埤雅》上说，寒蝉本来是哑的，得了寒露冷，方才能鸣。这就是成语"噤若寒蝉"的根据，因此它又得了一个哑蝉的称呼。

此外还有美国的十七年蝉，和产在南洋苏门答腊，两翅张开有200毫米以上，算全世界蝉类中最大的皇帝蝉。

二 蝉的一生

雌蝉在出土后半月左右，便着手产卵了。它用一根长的产卵针，斜斜地向树干插进去，这时，肚子一伸一缩，两刃穿孔锥静静地活动。到全部没入时，就伏着不动了。大约经过十分钟，产下一颗卵，又不愿使产卵针弯曲似的将它缓缓拉出，于是用两刃穿孔锥开的洞，又自己闭合了。接着，产第二颗卵的工作又开始了。

大蝉的卵，同白象牙般艳丽，两端略略尖细，呈纺锤状，排成一线；小蝉的卵，比较小些，排成整齐的几行。到了九月底，这种象牙般艳丽的白色，变成小麦似的褐色。一到十月初，前端有栗色的两个圆点露出，这就是小动物的眼点。当蚁一般的幼虫从卵孵化出来，已是十月底了。它的卵期是六七个星期。

这种幼虫从树上落下，或者跟着枯枝一同落到地面，于是它就向地中钻、钻、钻，直钻到一米多深的地下，在那边吸收树根的液汁。这时，它全体深褐色，肚部带点白色，而肚面的中央，还有一条乳白色的纵线；前肢的胫部，非常膨大，而且有几个突起。我国古代，叫它蚦蠳。

在地下蜕皮的回数，向来都说是25回到30回；现在知道的却只经过四回，变成拟蛹，就叫作腹育。拟蛹全体淡褐色，长着翅鞘，从地中爬出，攀登草木。经过最后一回的蜕皮，便变成蝉。于是长长的黑暗生活完结，又重睹光明了。它蜕下的皮，

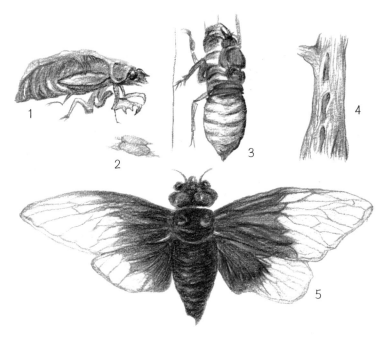

美国产十七年蝉的生活史
1. 拟蛹；2. 蝉蜕；3. 卵；4. 产卵的树枝；5. 成虫

往往一径挂在树干上，这叫作蝉蜕。

成虫期十分短促，四五个星期，便要死去。但幼虫期很长，普通是两三年；印度有九年的，美国有十七年的，十七年蝉（Trbicina septendecim Linnaeus），在昆虫世界里，真的算寿星了。

蝉在地下生活的时间是这么悠长，所以每年要耕锄几回作物又常常变换的田地，不适于它的生长。只像森林果园等，有树木而又不大耕锄的地方才能成长。

终日歌唱的和平者，好像与人类的生活没有什么利害关系似的。可是从前美国人竟大大地吃过它的亏，曾经有过"蝉灾"

正在羽化的蝉　　　　　　留在树干上的蝉蜕

这么一回事——因为当时它产卵时，把种种树枝都折断了。事情真有趣：一百多年前，美国人从英国移入了一些雀，现在已大量繁殖，起劲地在捉蝉吃。可是，这些雀一到了秋天就要糟蹋米壳，这真是"引虎拒狼"了。

三　冬虫夏草

　　我国药草里，有一种冬虫夏草，又叫蝉茸，这向来被认作是一种奇异的东西。据说，它在冬季里，便会化成虫，躲在泥土中；一到夏季，又化成一根草，钻出地面。假使你从药店里买一根来看看，的确上面是一根草茎，下面是一条虫。这不是一个宇宙间的谜吗？其实说穿了不足为奇，原来这就是蝉的拟蛹。地下黑暗潮湿，很适于菌类居住，所以当蝉的幼虫在地下过活时，难免要受菌类的攻击。有一种菌，寄生在蝉的幼虫的肚子里，就在里边发育长大，和寄生在人们肚子里的绦虫、蛔虫一般。到了蝉的拟蛹时代，菌已长得在窄狭的肚子里容不下了，它就毫不客气地穿出背片，发芽滋长。这时，如果给人们掘得，便认作正在化草的虫，就叫它冬虫夏草。在唐代的《酉阳杂俎》中，有下面一段记载，倒可作为冬虫夏草的旁证。它说："蝉未脱时名腹育，相传为蛣蜣所化。秀才韦翾庄在杜曲，尝冬时掘树根，见腹育附于朽处，怪之。村人言蝉乃朽木所化也。翾因剖一视之，腹中犹实烂木。"腹中的烂木，也许就是寄生的菌类，因此倒因作果，发生烂木化腹育的神话，我是这样想的。

蝉茸

　　不过冬虫夏草，也有由别种昆虫的幼虫变成的。

四 史话

　　唐朝时候，京城里那些游荡人，一到夏天，就捉蝉出售，嘴里连声嚷着："只卖青林乐。"小孩子争着去买，用笼子挂在窗口，听它的清歌。还有验它发声的长短来定胜负的，叫作仙虫社——见《清异录》。希腊时代，也同样常做娱乐品，将蝉放在笼子里养着玩。雅典的妇人们，喜欢用黄金造的蝉，装在簪头，插向髻上。那时的竖琴上，多装上一只蝉，作为乐器的标识，这些更是用蝉做装饰品了。我们唐代的大诗人杜甫和韦某，曾经有过关于蝉的一个故事：据说，杜甫当有朋友来的时候，总要带自己的妻子出来见见。韦某见了回来，又差自己的妻子，送一只"夜飞蝉"去，给她做装饰品。但这"夜飞蝉"究竟是真蝉呢，还是也同雅典妇人们所用的黄金蝉一般，是制造的装饰品呢？那是无法考究了。不过，《物类相感志》上有说：妇人佩戴着干制的茅蝉，能够增加夫妻间的爱情。因为这种茅蝉，当停在茅草根上时，是两两相对的。那么，"夜飞蝉"也许是某种干制的蝉吧！汉朝时，有名叫牛亨的人，去问以博学出名的董仲舒，说："蝉的别名叫作齐女，究竟是什么意思呢？"董仲舒回答说："从前齐国有一位王后，怨齐王而死。她的尸体就化成蝉，飞上庭树，悲哀地叫个不休，吐吐生前的怨气，所以叫作齐女。"——见《古今注》。这可算一则关于蝉的神话。

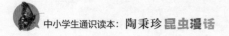

五 蝉和蚁的寓言

　　凡是有名的事物，总有种种关于它的故事发生，尤其是昆虫。凡具有某种特点能惹起我们注意的，就常采作民间传说的材料。创造这些故事的人，常把动物世界当作人间世界来演述。这般创造出来的故事，究竟是否真实，实在是一个大问题。

　　例如，儿童读物上常看到的蝉和蚁的寓言。大意是说：有一只蝉，在夏天时临风高歌，非常得意；到了冬天，因为没有粮食贮藏，向它的邻居蚁商借。蚁便说："你在夏天唱歌，那么现在跳舞好了。"可怜的蝉便只好活活饿死。

　　这则寓言，在道德方面的缺点，且不去说它；从自然科学的知识方面来看，恰恰相反。能够独立生活的蝉，绝不会站在蚁巢口诉饥；只有凡是好吃的东西，不管什么，都会向自己仓库里搬去的、贪婪的蚁，倒有为饥所逼，向歌人商借的事。不，其实不是商借。在掠夺者的习惯上，从来没有什么借呀还的。它们是将蝉围住，自己动手去抢的。现在我就讲一则大家不大知道的有趣的掠夺故事吧。

　　据法布尔说，当七月的午后，许多小虫都渴得发慌，在干萎的花上彷徨时，蝉却哈哈冷笑，笑这些家伙不中用。它停在灌木的小枝上，一面继续歌唱，一面举起针一般的嘴，在因充满晒热的树液而膨起的、坚滑的树皮上开一个孔，静静地快活地喝水。

看了一会儿，又碰到意外悲惨的事情了。许多在附近彷徨的渴者，望见了甘泉外溢的井，立刻向这边过来，细心地舐食溢出的树液。这甘泉的周围，有细腰蜂、小蜂，更有许多的蚁。

　　小的钻进蝉的肚子下面，直走向泉边去。和善的蝉，对这些要爬上身来缠扰的家伙，总让开一条自由通路给它们。但它们等得不耐烦了，就不管三七二十一地攻击，将开掘喷泉的人赶开泉边。

　　这攻击中，最不肯放松的就是蚁。我看到蚁咬住蝉的脚尖，拉它的翅膀，攀到背上，或弄它的触角，有时竟像要捉住蝉的吻，把它从甘泉中拔出。巨人被孩子们缠扰得再也忍不住了，终于抛弃这甘泉，放了泡尿走开。蚁掠夺的目的达到了，它们是泉的主人了。不过，汲水的唧筒不动，井又立刻干了。

　　这则蝉向蚁借粮的寓言，是希腊寓言作家夫恶台内根据印度传说而写的。当初的主人公，也许是别的一种虫。夫恶台内因为雅典没有这种虫，就用蝉来代替，结果使它平白地受了几千年的冤屈。

第五章

萤

一 异名

　　残暑未消的夏夜，便有绿荧荧的火星，在河边池畔的草丛中，闪烁不停地、穿梭似的飞舞。这多么使人惊奇啊！所以，这小小的动物，和人类没有多大关系的小虫，已早早惹起了先民的注意。希腊人便叫它拉恩批鲁，意思就是"拖着灯笼走的虫"；我国不单把含有两个"火"的"萤"字作为它的名字，而且还用"炤（古"照"字）""挟火""耀夜""夜光""自照""丹鸟"等意义更明显的字词作为它的名称。

二 种类

　　昆虫学上所说的萤和普通所说的萤，意义多少有点儿差异：一般凡是夜里发光的鞘翅目昆虫，都叫作萤，所以像美洲产的发光叩头虫，也包括在内。昆虫学上所说的萤，不单以发光为标准，虽不发光而形态同的昆虫，也包含在内。严格说来，是有"萤科"这么独立的一科。

　　石山萤（Luciola vitticollis Kiesewetter）是萤科里面最大的一种，所以还有大萤、牛萤、熊萤这些名字。雌雄都有前后两翅，前胸

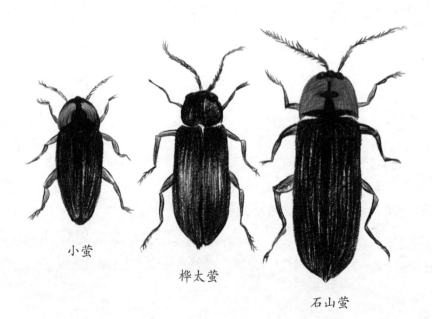

小萤

桦太萤

石山萤

的背面现暗黄或桃红色，这上面有黑褐色的十字纹。雄的小些，雌的里面有体长 17 毫米左右的。雄的第六、第七两腹节，带淡黄色，这就是发光器。雌的只第六腹节是淡黄色，第七节是红色的。大概五月中旬到六月底，它们在池边河畔出现，一到七月，便看不到了。

桦太萤（Lucidina biplagiata）分布在桦太岛、西伯利亚、欧洲，是北方种的代表。雌雄的形态，各个不同。雄的前后两翅和复眼都很发达，体长 12 毫米左右，前胸背部的前缘，有两个半透明的小白点，此外的边缘都是黄色，背部全是黑色，体的下面是暗褐色，但第六、第七两腹节现黄色，里面有发光器。雌的后翅全然没有，前翅也存一些痕迹，所以不会飞翔，外貌简直同幼虫一般，体长有 20 毫米，发光器在第八腹节，能够放射比雄虫更强烈的光线。

此外还有窗萤，前胸背面的前缘，有一对透明的椭圆形的天窗，就在头缩进去时，也可用复眼看到外面的动静。小萤（Luciola picticollis）是黑色，体长 9 毫米，七月中旬到八月上旬，常在山中出现，黄昏时不发光，要到半夜前后，方才赫然地放光。中国台湾地区所产的萤种，种类很多，而且身躯又大，雄虫的光线委实好看，它停着的树枝，宛同大商店的霓虹灯。据说当日本人占据台湾时，有一次夜里看到萤群飞舞，认作是原住民拿着火把来偷营，赶忙发炮轰击。

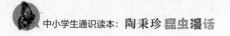

三 发生

　　古代的人们，对于萤这种奇特的小虫，虽已早早感兴趣，用诗来歌咏。可是，关于它的发生经过，没有做长期观察的闲暇，所以便有种种错误的臆说发生。在日本，说是从马粪和狐粪变化出来的；在朝鲜，说是从狗粪化出来的；我国《礼记·月令》："季夏之月，腐草化为萤。"《格物总论》中更说得煞有介事，它说：

　　萤是腐草及烂竹根所化，初获未如虫，腹下已有光，数日，便变而能飞。生阴地池泽，常在大暑前后飞出。是得大火之气而化，故如此明照也。

　　总之，不论日本、朝鲜、我国，都把它归在"四生"中的化生里了。到了现在，当然大家不会再相信这种化生说，不过能够知道萤的发生的真相的人，也不见得多吧！

　　萤是属于昆虫类中的鞘翅目（Coleoptera），依然要经过幼虫和蛹的时期，方才能变成虫。它的卵是淡黄色的小粒，产在水边草根，夜里不断地发青光，里面胚子一发育，就慢慢地黑起来了。普通产后一个月左右，便有淡灰色的幼虫孵化出来。幼虫的身躯，呈长纺锤状，两端尖细，上下扁平，由许多环节构成。三对步脚很发达，尾端稍前的两侧，有发光器，到了夜里，便放射青光。它在水边生活，捕食小动物——石山萤和小萤的幼虫，要吃螺蛳

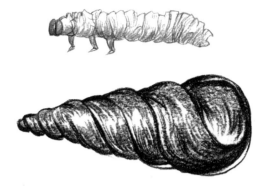

萤的幼虫和它所吃的螺蛳

的肉。严寒的冬季一到，它便躲到地下去，直到来年四月，再出地面，继续生活。到了五月里，它又向泥中挖掘一个小小的洞，在里面蜕皮化蛹。蛹和成虫很相像，有短短的翅袋，全身呈淡黄色，夜里不绝地放射美丽的光芒。生发光器的地方，虽因种类而各不同，但这种美丽的光线，总能把淡色的身躯，照成透明，这是萤一生中最漂亮的时代。经过半个月左右，体内的改造工程完毕后，其蜕皮而爬到地面上来，我们就叫它"萤"。

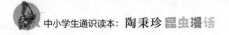

四 萤火

　　萤如果只会残杀隐士式的可怜的蜗牛，没有旁的才能，也许不会被一般人知道。可是，它还会在尾端挂起一盏灯。萤的发光器的构造，因种类和发育上的时期而各异：有蛹和幼虫相同的，也有蛹和成虫一样的；还有到了成虫时期，除本来应该有的之外，又有和幼虫相同的发光器。照一般说来，成虫的发光器，是由紧贴在透明的皮肤下面的发光层，和相对的反射层构成的。我们试把萤的发光器削下一片来，放在显微镜下细看，那么便可看到表皮里面铺着一层淡黄色细粉，这就是发光层，由许多大细胞组成。你若再仔细耐心地看，便见四面布满了奇妙的管子，短而粗的干，突然分成无数密生的细枝：有的在发光面上蔓延，有的钻进里面——这就是气管和支气管，和呼吸器官相连；它的作用，在于充分吸收和分配空气，使这层淡黄色的细粉，起氧化作用。反射层是由含着许多蚁酸盐或尿酸盐的小结晶的细胞组成的，呈乳白色，它的作用是不让光射到内部器官中去。

　　现在剩下的一个问题，是这种淡黄色的细粉，究竟是什么性质的？学化学的人，起初认定是"磷"。竟有将萤活活地烧煅，取出元素来实验的人，可是谁也不曾得到满意的解答。还有人说是脂肪体，也还不曾得到可以公认的结果。不过发光作用是由发光层的细胞活动，需要水和氧的酸化作用，这是可以确定的。

　　"萤能控制这种光的强弱吗？"对于这个问题，我倒能够回答得更清楚些：萤是能够照着自己的意思做的。通过发光层的粗管，尽量吸入空气，光便增加；通气缓一些，或竟停止，那么光也弱了，熄灭了。气管上面布有神经，萤可以照自己的意思收放。

萤火在萤自己究竟有些什么用处呢？为了生殖关系，雌雄互相引诱用的，这是已经由种种试验而明白了的。那么和生殖毫无关系的幼虫、卵子和蛹，为什么也发光呢？这大概是威吓要吃它的动物，同时表明自己的肉是苦的，不适食用，有一种警戒作用。幼虫时也许在找寻蜗牛等，又作为灯笼用的。

五 轻罗小扇扑流萤

　　繁星满天、皓月未升的夏夜，树荫草上，偶然随风飞来了几只萤，引得孩子们拿起芭蕉扇，嘴里唱着"萤火虫夜夜红"的歌曲，东追西逐地去拍，这是多么富有诗意的一回事——在这等情景之下，总不知不觉地要想到唐人"轻罗小扇扑流萤"的诗句。可是富贵人的思想终究特别些，据《隋书》所载，隋炀帝大业十二年，行幸景华宫时，特地征集了几斛萤，夜里，在山上放，碧光点点，布满岩谷，真是好看。但萤火并不是专供荒淫皇帝取乐用的，它还能照顾贫苦的学生和旅行者呢！

　　在黑暗的夜里，萤光的确可以看书，不过除狭狭的范围之外，什么也看不到。你若把许多萤聚在一块儿，它们虽各自发光，但已成了光的交响乐，在我们的眼里，只见一团碧光。从前有一个贫而好学的车胤，就是用这种聚萤的方法，照着读书的。现在把《成应元事统》的记载，录在下面：

　　车胤好学，常聚萤火读书。时值风雨（因无法捉萤），胤叹曰："天不遣我成其志业耶？"

　　言讫，有大萤傍书窗，比常萤大数倍，读书讫即去，其来如风雨至。

　　中美、南美和印度的萤，比我国的大得多。它们在苍绿如滴

的热带森林中，成群飞舞，真像大雨之后流星满天。这种特别的萤，不单可以装点自然界，还是热带森林旅行者必不可缺的东西。在南美森林中旅行的人，不用什么灯笼和电筒，只需捉一只萤，缚在皮鞋头上便行了。他们靠着这萤火，可以同白天一样赶路。一到天亮，他们便把这盏活灯笼挂在树枝上，送给这天夜里的旅行者。所以在南美，这种萤很受土人们的爱护。

墨西哥海上，从前是海盗出没的处所。航海的人不敢点灯，竟用萤火代替。专重实用的英国人，总比别人更会利用些，他们把萤装在玻璃瓶里，塞好口子，沉到水里，再用网去捉群集光边的鱼类。日本夜里钓鱼的人，常把萤火装在浮子上，这样便可知道有没有鱼来吃饵。西班牙的妇人，喜欢把萤包以薄纱，插在头发上，和我们戴花一般，青年们更有把它装在衣服和马鞍上的，作为一种饰物。这些都是连萤自己也想不到的利用法。

第六章

蚊

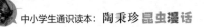

一 可怕的蚊

　　侵害人体的昆虫种类原不少，但蚊的确要占相当高的地位。它除直接吸食血液之外，还要间接传播种种疾病，像疟疾、象皮病、黄热病、发疹热病等。它传播疾病的经过，下面再细讲，现在把它倾覆古代罗马的事实，来介绍一下。

　　古代罗马曾煊赫一时，这谁都知道，无须多说。不过当他们东征西讨，远播威声之后不久，也就慢慢地衰落了，灭亡了。原因虽颇复杂，但蚊的传播疟疾，的确是其中之一。当罗马为扩张国土而远征阿拉伯、非洲的时候，曾俘虏了许多土人回来，不料无形中就播下衰亡的种子。这些土人中有不少害着恶性疟疾，这病就由蚊传播到罗马民族间。于是刚健好武的罗马民族，渐渐衰弱，而罗马国也同落日般一忽儿灭亡了。

　　法国人开掘巴拿马运河时，更是大受蚊的侵害，工人职员，害黄热病而死的很多，人们竟把这一带称为"白人之墓"，连工作都停止了。后来美国人继续开掘，就是先把蚊驱除，才能把运河开通。

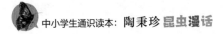
二 常蚊和疟蚊

蚊是最普通的吸血性双翅类的昆虫。种类倒并不像想象中这样多，全世界的既知种，也不过三千多种，同种异学名的不少，竟有一种而得了三四十个异名的；热带多些，寒冷地方较少，但也有分布全世界的种。

学术上所称的蚊科（Culicidae），是把吻长、翅和体表有鳞片的双翅类昆虫都包含在内，其中原有许多非吸血性的；为了区别起见，又把吸血性的蚊，归入蚊亚科（Culicinae）。我们普通所说的蚊，就是属于这个亚科内的。

蚊亚科又可分为两类：一是疟蚊类（Anophelini），一是常蚊类（Culicini），含着疟蚊以外的大部分。温带地方，疟蚊的种类极少，数目也少，几乎全是常蚊类。热带地方，疟蚊的种类虽不少，

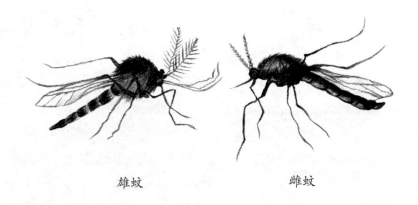

雄蚊　　　　　　　　雌蚊

但和常蚊类的比较起来，仍旧是少得多，而且数目方面也同样少。

疟蚊因为能传播疟疾，所以大家都颇注意；其实常蚊也不能忽视，像黄热病、发疹热等，都是由常蚊传播的。豹脚蚊传播的黄热病尤其算一种极凶险的传染病，幸而分布的地域不广，亚洲还没有发现。

疟蚊类和常蚊类，在习性和形态方面，有显著的差异，无论幼虫时代、成虫时代，都容易看出。现在简单地说明如下：

成虫的头部，吻在中央，两侧有触角和触须。触角上各节的毛，两类中都是雄的较长。触须却可以作为区别两类的特征：疟蚊类的雌蚊，触须差不多和吻同长；常蚊类的雌蚊，都比吻要短得多；雄的，在疟蚊类中，也大略和吻同长，但末节膨大；常蚊类中，虽长的短的都有，但末节都不膨大。静止在垂直面和水平面上的姿势，两类也有显著的不同：常蚊类身子多和面平行，疟蚊类多形成45度左右的角度。

疟蚊类的卵，黑色呈纺锤形，平铺地浮在水面；产时是一粒一粒地产，但多数又集成稀疏的麻叶形。常蚊类中也有产和疟蚊相似的卵，像草蚊类；但大多数，多呈酒瓶状或棍棒状，粗粗的下端，有浮游具，使它直立在水面，颜色是黑褐。产时也不是一粒一粒地产，一次产下的卵，全体附在侧壁，呈纺锤形，两端微微向上翘，和独木船相似，所以在西欧叫作"卵舟"（德语是Eierkahnchen，英语是rafts）。疟蚊类的卵，在自然界中不容易看到，而常蚊类的卵舟，倒是常常有遇着的。

蚊的幼虫的肚部，是由九节而成。常蚊类在第八节有长管的呼吸器官，疟蚊类不是用这等特定的呼吸器官，是由身体表面直接呼吸。所以浮到水面来呼吸的时候，常蚊类用呼吸管将身体约成45度倾斜地悬挂着；疟蚊类是要使全部身体表面接着水面。它为了达到这种目的，更在胸节和多数腹节上，长着左右成对的上浮装置，这叫作掌状毛（palmate hairs），形状和棕榈叶子相似。当幼虫静止在水面时，你若去仔细看，便能看到两行微小的点，这就是掌状毛上的斑点。整个身子的姿态，也有明显的差异，疟蚊类是特别肥胖，而且黑的多，是不会看错的。

就是蛹吧，两类也有差别，不过不甚显著罢了。

三 种类

我国地处温带，常蚊类较多，现在把常见的几种，介绍在下面：

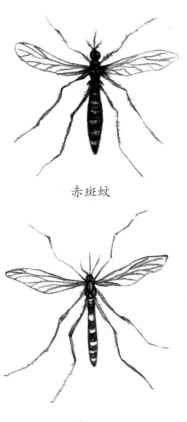

赤斑蚊

白条斑蚊

赤斑蚊（Culex pipiens pallens Coquillet）不但在我国各地常能遇到，简直布满了全世界。体长两毫米左右，现黄褐色，翅透明，平均棍和吻呈黄色，触角现褐色，棱状部灰色，腹部黄色，而各节基部的侧方，有灰白斑，脚黄色。雌的夜间出来，螫害人畜；雄的吸食花蜜过活。

白条斑蚊（Aedes albopictus skuse）体长五毫米左右，现暗褐色，吻雌雄一样。胸部背面，有一银白色的纵条，十分明显；后胸和胸侧的几条是纯白色；各腹节的两侧纹，以及各节基部是银白色；腿节的基部现灰白色。昼间也会飞来螫人。

白眉斑蚊（Aedes albolateralis Theobald）体长五毫米左右，体现黑褐色，有由银白色鳞片组成的横带。胸部背面带金色，两肩有银白色的纵条，所以得了这样一个名字。腹部黑褐色，稍稍有蓝色光泽。腹面各节的前缘，生着银白色的鳞。脚黑褐色，前脚中脚的腿节下面，除末端外，现黄白色，后脚腿部也同。

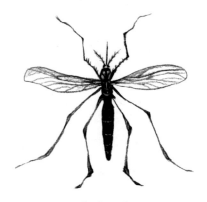

白眉斑蚊

四条斑蚊（Aedes argenteus poiret）形状大概和白条斑蚊相似，只中胸背部前方，有四条黄白色的纵纹。分布在广东、福建沿海一带，专门传播发疹热病。

疟蚊的种类，我国颇少，最普通的一种，叫作中国疟蚊（Anopheles sinensis wiedemanno—也有写作 Anopheles hyrcxnus Pallas）。体长和赤斑蚊相似而略大，暗灰色，翅稍带暗色而透明，前缘有黑褐色或黄白色的两条鳞毛纹；平均棍灰色，触角暗褐色，胸部背面有五条褐色纵纹。雄的腹部背面现暗褐色，触角呈拂帚状；雌的暗黄色，背部纵纹呈黑褐色，脚带暗黄色。

四条斑蚊

中国疟蚊

四 生活史

蚊是从哪里来的？古代人的确曾产生过这样的疑问。可是因它倏来倏去，无法查究，所以就产生了神话似的答案。有的说是从鸟的嘴巴里吐出来的，如《尔雅注》上说：

鶭，蚊母鸟也；黄白杂文，鸣如鸽声。此鸟常吐蚊，因名。

有的说是从草叶里化出来的，如《本草》上说：

塞北有蚊母草，叶中有血，虫化为蚊。

有的推想得更稀奇，竟说是从果实中飞出来的，如《岭南异物志》上说：

岭有树如冬青，实生枝间，形如枇杷子，每熟即拆裂，蚊子群飞，唯皮壳而已；土人谓之蚊子树。（这也许是寄生在植物中的瘿蝇，从树瘿中飞出，古人观察不精，就认为蚊，详见《蝇》章。）

现在，人们已经知道是经过完全变态，方才成蚊。所以我们只打算把它的生活史，来略说一说。

蚊停在水面漂浮的东西上，产卵水中。常蚊的卵集成一块，

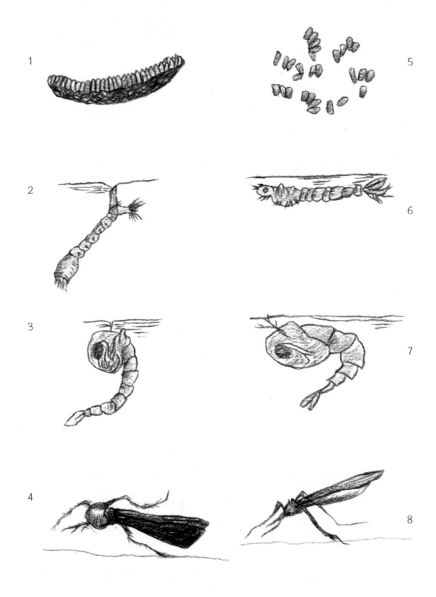

蚊的生活史：1-4常蚊；5-8疟蚊

浮在水面，每粒约长一毫米，每块约有 150 粒卵。经过两天左右，就孵化而成幼虫，这就叫孑孓，英语叫作 wrigglers，都是从它特别的运动姿态而来的。

孑孓头胸部都大，腹部细，由九环节构成。身上生着许多毛，头部的毛尤其长；它常舞动这毛，聚集水中的有机物，作为食饵。腹部第八节有呼吸管，常常伸出水面，呼吸空气，这时身子倒悬着，所以又有倒蛊虫这样一个俗名。孑孓蜕了三回皮，就变成蛹，这期间是五六日。

蚊类的蛹，和一般昆虫不同，是不停地运动着的，英语叫 tumblers，我国叫作鬼孑孓，或大头孑孓。它体带黑色，头部很大，腹部细小，弯曲着，真像驼背；胸部有两根喇叭形的呼吸管，常常伸出水面，浮沉水中，恰像装着特别弹簧似的运动着。经过两天左右，它就变成虫而飞起了。

从产卵到成虫，要费八九天。成虫的寿命，由环境如何而定，大概在正常的夏季，雌的可以在空中飞翔 30 多天，雄的寿命只不过几天罢了。受胎的雌蚊，在和暖而安静的地方，固定着越冬，到来年产卵。但热带地方和暖地，成虫终年飞翔，是以幼虫越冬的。

五 口器

蚊是最普通的昆虫，谁都见到过，所以形态方面，似乎可以不必细讲。万一不明白的话，到教科书上一查，自然会告诉你蚊是两翅六脚，两翅退化变为平均棍，具有吸收式口器……现在我想先把汉朝滑稽大家东方朔描写蚊的一段文章，介绍一下。他用滑稽的词句，将蚊的形态习性，生动地表现出来。就抄在下面吧！

郭舍人曰："客从东方来，歌谣且行。不从门入，踰我墙垣，游戏中庭。一入殿堂，击之桓桓，死者攘攘，格门而死，主人被创。是何物也？"朔曰："长喙细身，昼亡夜存，嗜肉恶灯，为掌指所扪。臣朔愚戆，名之曰蚊。舍人辞穷，常复脱裈。"——《东方朔传》。

还打算把蚊体上构造最复杂的口器，来说明几句，因为借此就说明了昆虫类中一般的吸收口器的构造。

蚊的口器，是一根特别延长的吻，那是不必再说的。做这吻的外鞘的，是一对第二小腮中央愈合而成，称为下唇。它的形状，恰像竹筒。竹筒的外面，满生鳞片，尖端生着一对圆锥形的感觉叶。竹筒的上面，开着一条狭狭的沟，内部是比较宽广的腔。

这腔里藏六根针状片，互相倚合而成吸收管。这六根中：幅阔而尖端骤然尖削的一根，是舌；幅狭而尖端有锯齿的两根，是第一小腮；比它更狭而尖端呈剑状的一对，是大腮；上唇和上咽头，幅阔而尖端呈剑状的一根，叫作上咽头唇。上咽头唇虽也被竹筒包住，但从里面看来，恰像竹筒的盖子。

吻的外面，是附属于第一小腮的小腮须，又称触须。普通是雌的触须短，雄的比吻更长；但又依种类而不同，有几种雄蚊也短，也有雌雄都和吻同长的。

蚊吸血时，先用吻端的感觉叶，在皮肤上这里那里乱碰，探求适于刺的地方。后来寻到了，蚊便将吻内藏着的吸收管（即由六根针状片倚合而成的）用尽全力地从两片感觉叶中间送出，在皮肤上钻孔。这些针状片的尖端，都是些剑呀、锥呀、锯的，所以钻孔毫不困难。

钻孔后，蚊立刻将吸收管向内部推进，深深进去，直到碰到毛细血管。于是破坏了毛细血管壁，而浸入血液。这时，若运气不好，碰不到毛细血管，它就把千辛万苦插入的吸收管拉出，重新再刺；这也是谁都经历过的吧！

当吸血的时候，下唇并不插入皮肤内，而是向下方弓似的弯曲着；尖端的感觉叶，将吸收管（即针状片束）紧紧束住。

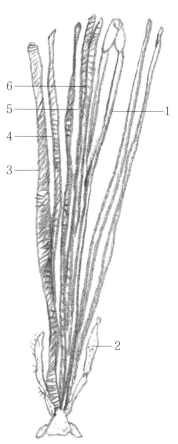

蚊的口器
1. 下唇；2. 小腮须；3. 上唇；
4. 小腮；5. 大腮；6. 舌

如果提出血液，怎样吸收到蚊的消化管中？这个问题，可用下面三点来说明：第一是血液本身的血压，使它上升；第二是各针状片间，要起毛细管现象；第三是口腔的深处有咽头，上面有筋附着，这些筋一收缩，咽头就膨大而生阴压。

雌蚊吸血，雄蚊不吸血，上面已经讲过了。我们试再把雄蚊的口器来观察一下：作外鞘的下唇，毫无差别，但内部的针状片，和雌的大不相同。长的针状片，只舌和上咽头唇两片。一对小腮形状很小，只及下唇的五分之一，大腮全然缺如。所以雄蚊的不吸血，"非不为也，是不能也。"

第七章

蝇

一 吸血蝇

蝇类和人类生活有关系的方面很多，大致可分作下面四种：（一）要吸食人类和家畜的血，并且传播寄生血液中的病原虫；（二）要产卵在动物体中，使孵化出来的幼虫吸食它的血液，或侵入内脏；（三）寄生在植物体中，使植物受到大损害；（四）要侵入家中，传播疾病。本书说明方面，想偏重第四种，所以先把前三种简略地说一说。

吸血蝇中分布最普遍的，要算螫蝇（Stomoxys calcitrans Linnaeus）。我们常能在原野、路上或畜舍中看到。体长8毫米左右，身现灰色，头部黄金色，头顶还有马蹄状的黑纹。胸部背面，有

螫蝇

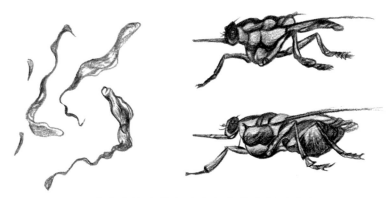

睡眠病的病原虫（左）和唧唧蝇（右）

四条黑色纵纹。翅透明，翅脉褐色。肚部呈卵形，有许多粗大的黑斑。脚黑色。它不但刺咬人畜，增添苦恼，而且还要传播寄生血液中的病原虫。非洲的赤道那里，有种螫蝇猗罗西那（Glossina），土名叫作唧唧蝇（Tsetse fly）。它传播睡眠病原虫（Trypanosoma Gambiense）给人、马、牛、鼠等，使其发热、贫血、衰弱，当病原虫侵入到脑脊髓管时，寄主便昏昏睡去，不再醒来，所以叫作睡眠病。家畜又另外有一个病名，是那格那（Nagana）病。

二 马蝇生活史

马蝇（Gastrophilus equi Fabricius）是马牧场上常能看到的一种蝇，体长14毫米左右。体黄褐色，头、触角、脚及腹部是黄色。翅半透明，稍带灰黄色，中央及翅端有暗褐斑。雄蝇腹部的末节，向腹面屈折；雌蝇是最后两节，屈成膝状。它的生活史，颇复杂而有趣，现在说明如下：

它把卵子产在马毛上，但并不是不论哪处的毛都行，一定要拣马舌能够舐达的地方——因为它的孩子，如果不给马吃入胃内，除等死外，是毫无办法的。卵子如果坚牢地附着在马毛上，是不会由马舌带进口而到胃里去的。这些从卵孵化的幼虫，顺着毛而到皮肤，刺蜇这部分。马感到了痒，必然要来舐这部分，于是，这蛆便附着在马舌上，接着入胃，用它的口钩，挂在胃壁上，吸收胃液。当解剖马的尸体时，我们常能见到它的胃里藏着几十条或几百条蛆。胃壁一被这蛆附着，便成凹陷，分泌脓汁，这脓汁是蛆的重要的营养料。当蛆从肛门出来后，凹陷不久便硬化。

平均经过十个月，到了第二年的五六月里，这蛆已充分长成，辞了它寄生的胃，跟了排泄物一同下肠而去。它若只靠排泄物带着，那么经历长长的大小两肠，要费颇久的时间。所以蛆自身也做一种波状运动，可在比较短促的时间内，到达肛门，但也有中途化蛹的。

蛆和马粪一同落到地面，便立刻掘垂直的孔。孔并不大，恰

恰能遮住它自身。孔掘成后，它把自己的身体掉头，头向上方，蛰居在里面，皮肤不久硬化，变成围蛹。过了一段时间，头上有两个角状突起生长出来，它就用这两个突起呼吸。虽会因气候寒暖而略有迟早，但大概经过六个星期，这马蝇便在空气中飞舞了。

马蝇，粗粗一看，和虻很相像，但它半透明的翅上，有暗色的斑纹，中央竟连成带状；普通的虻，虽也是透明的，却没有这种斑纹。

马蝇由蛹羽化，总在天气晴朗的早晨。它抵破蛹的前端的盖，开一个圆形的洞，而飞向空中。可是事实上并没有像说说这样简单。这时，它先起

马蝇

一个大气泡，因身子的扭动，不断地上上下下。这样的气泡，凡是寄生在毛虫和青虫身上的针蝇和别种蝇羽化时，都能看到。这气泡一直升到前头和颈处，帮助它抵破蛹盖。

羽化而出的马蝇，身子干燥后，这气泡立刻消失。它就嗡嗡发声，飞向空中追逐配偶了。这种蝇有在附近的高山顶上集合的习性。山顶上很寒冷，而且马也绝不会来。但真奇怪，它们的集会所，它们的舞蹈场，全在那里。

完成了性交的雌蝇，便从山顶飞来，拣了晴朗天气，在马的周围飞绕。它们很胆怯，但细心地找寻在牧场中、农场上或是道路旁吃草的马，静止在马身上，产一颗或几颗的卵。一次飞去，又复回来，在天气或时间许可的范围内，趁马、驴、骡等吃草的时候，热心地产卵。可是，从来没跟了马到厩中去的。

一只雌蝇，约藏着700粒卵子。卵子长两毫米左右，上端呈

斜的截断状，起初是白色，后来渐渐带黄色。这卵子受到太阳热和马的体温而孵化，幼虫破卵壳而出，由马舌带到口部，再入胃腑，挂上胃壁，但并不是全部都能被马咽入胃腑的，那些不能到达胃腑的蛆，仍难免一死。所以，造物主特意使它产下许多卵子，即使大部分死亡也无妨。

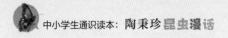

三 寄生植物的蝇类

　　菊、胡枝子、蓬等草木的叶子上，常常点点斑斑，生着宝珠状、豆状或是芝麻糖状的瘤；葡萄的果实、柳树的芽，有时呈特别的状态；芒的茎，有时一部分特别膨大，而生一个瘿；这些就是因一种微小的瘿蝇的幼虫寄生，受一种刺激而生成的。在内部的蛆，是微微地不绝蠢动的。

　　这等瘿蝇，产在上述种种部分、茎枝及伤痕、裂隙等处的卵，孵化而成幼虫，侵入寄主体内，吸收营养、化蛹（有几种是潜入土中化蛹的）变为微小的幼虫，向外界飞出。

　　我们常常在豌豆和油菜等的叶上，看到白色的曲线，这也是一种寄生蝇的幼虫所造成的。这种幼虫，一面吃叶绿层，一面在薄薄的叶子里开辟隧道，开拓自己的进路；结果，就造成了上面所说的白色曲线。它成长后，就在隧道的末梢化蛹，接着变为成虫。

　　此外还有果蝇，专食害田野中未成熟的果实，多数产在热带和亚热带，但温带也有不少。像瓜蝇（Chaetodacsu cucurbitae Coquillett）是印度原产，但南洋方面也很多；橘蝇（Chaetodacus dorsalis Hendel），也是分布在南洋一带，但广东、福建方面也有。被这些蛆虫吃过的果实，内部腐败，散发恶臭。大小各种各样的蝇，飞集在从树干中渗出来的树液上，一面喧闹，一面饱吃生命之粮，这更是大家在散步林畔时看到过的。

四 秽物蝇的种类

凡是喜欢群集在垃圾、秽物、粪便等上面，而且在这些里面发育，常常到家里来飞翔的，统统称为秽物蝇（Filth flies）。现在且把其中主要的几种的形态和生活上的特点，大略说明一下：

家蝇（Musca domestica Lnnaeus）体长八毫米左右，体黑褐色，脸是黄白色，触角又是黑。胸部的背面灰黑色，而且有黑色的四纵条；翅透明，稍带暗色；腹部暗色，但雌的更有赤褐色的侧纹，是夏天最常看到的种类，而且遍布全世界。关于它们的生活史，在下节再细讲。

麻蝇（Sarcophaga carinaria Ronbom）又叫毛苍蝇，体长15毫米左右，体是灰色，但脸面有发金光的灰黄色；触角、头顶的纵条，是黑褐色；胸部、背部的三条纵纹非常明显；腹部有黑色的网状纹；尾节和脚，黑色发光。它们常居户外，群集在人粪和秽物上；到家里来，或是集在鱼肉、兽肉上，那是特殊现象。它们还有一特点：幼儿在母亲体内孵化后，方才产出来，就是同我们人类一样是胎生的。

金蝇（Lucilia caecar Linnaeus）又叫青蝇，体长九毫米左右，体现金绿色，脸是黑色，而有银白色的光辉；翅透明，翅脉淡黄色，前缘带黑褐色；脚黑色，但带着比身子更鲜明的金光。它们常在野外，少进屋内，虽然有时也光临厕所，但不是从厕所中发育的。

黑蝇（Calliphora lata Coquillet）体长九毫米左右，体是黑色，脸是银白色，触角黑色，上面密生黑毛；胸部背面，有带灰白粉的四条黑纹，每条黑纹的两侧，都有黑色的长毛或短毛生着；翅透明；第一腹节的基部、背线，以及尾端是黑色；第二、三节，各有几点丝光斑，因光线而变换形状。腹部暗青色，好像着水似的。它们有户外性，但也常进屋内。天气寒冷时，生存还不中止；冬季和春初，还在阳光照耀的地方飞翔。

此外像小家蝇、大家蝇等，形态习性，和家蝇差不多，不过大小不同罢了，所以也就从略。

这许多种的秽物蝇内，最常到我们屋内来的，自然是家蝇。我们如果在屋内捕捉，它们总占九成左右。现在把美国哈华特（Howard）氏在厨房里所采集的成果，和日本小林晴治郎在家内及传染病研究所内，所采集的成果列表如下：

麻蝇

金蝇

黑蝇

	哈华特氏	小林氏（家内）	小林氏（研究所内）
家蝇	22,808	24,042	55,876
小家蝇	81	206	2,533
大家蝇	31	163	561
麻蝇	—	161	465
金蝇	18	38	200
黑蝇	7	15	41
其他	58	94	12

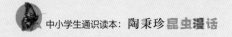

五 家蝇生活史

　　家蝇是家内最容易看到的蝇。每年到了五月里，便有几只出现，一到六月，骤然增多，七月、八月最多，到九月底就减少，十一月底便停止产卵。

　　卵白色细长，后端略粗。背部有两条隆起，其中一条当幼虫孵化时，大概便自然裂开。雌蝇每回产卵 75 粒到 150 粒，平均是 120 粒。每隔三四天产卵一回，共四回。如果环境好一点儿的话，产卵的回数更多。卵的周期很短促，普通 12 小时至 24 小时，但又受温度的支配。例如：气温在寒暑表 10 摄氏度时，要经两三天；15 摄氏度至 20 摄氏度时，为 24 小时；25 摄氏度至 35 摄氏度时，是经 8 小时至 12 小时而孵化。

　　幼虫是白色、体表滑泽、头细尾粗的蛆。它们对植物质比动物质更喜欢，尤其是近乎干燥的。不洁的畜舍和垃圾堆，是它们主要的发育地。据美国某学者说，马粪堆在四天内任家蝇飞集，结果平均每磅马粪中有 685 条蛆。充分长成的蛆，钻进软软的泥里，或钻入木头、石块的下面，求得略干燥的地方，在里边化蛹。这时，皮收缩而成坚硬的、红褐色的套。幼虫的时期，大概是四天到六天。

　　蛹，体长只幼虫的一半，但比它们更粗，抵抗力很强，能够越冬。经过三天到十天，蛹便羽化而成蝇。

　　由蛹羽化而出的家蝇，快的第二天就交尾，第三天就产卵，

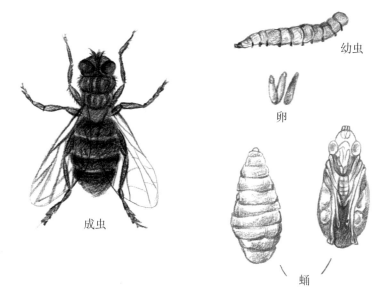

幼虫

卵

成虫

蛹

家蝇的生活史

但也要受温度和湿度的影响。普通生殖器的成熟，在第二天至第四天，开始产卵在第三天至第九天。

从产下的卵，到成为羽化而出的蝇，经过的时间很短。据美国学者们的报告，最短是九天半，稍长是 10 天至 14 天或 15 天至 18 天，偶然也有到 21 天的。关于家蝇的寿命，许多研究者有各种记录，在自然界中的寿命，也略有长短，大概 30 日，最长命的竟有到 60 天的。一年中可传六七代，若环境好一点，也有传十代以上的。所以，家蝇繁殖的盛况，真是了不得。假定有一对家蝇，在四月里开始产卵，每回产卵 120 粒至 150 粒，就少些算它四回，而这些子子孙孙，直到八月底都还生存着，那么已有 191,010,000,000,000,000,000 只了。

又假定一只家蝇约 16.39 立方厘米大，那么不但铺满了地球全表面，而且有约 14 米厚。

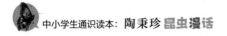

六 舞蝇的结婚

　　当暮春时节，偶立河边池畔，常见有无数小蝇，贴水低飞，这就叫舞蝇，是水上有名的舞手。它们有一种奇异的结婚习惯，就在这里介绍一下。

　　希拉拉是一种小型的舞蝇。雄的一到要结婚时，常捉了小昆虫放在绢袋里，带去做引诱雌蝇之用。可是真有趣！它有时竟把一片花瓣或一粒种子，错认作小昆虫而带走。原来的目的，像是呈献某种食物给雌蝇，来表示雄蝇的赤诚，现在已变为一种仪式，自然难怪雄的要把花瓣、种子等误认作昆虫了。

　　我们如果把植物性的小片和动物性的什么，向贴水乱舞的它们抛去，不管是什么，它们必定追去捉住，把它用绢丝三重四重地缠绕，郑重地带走。

　　这种贴水低飞，实际上是一种恋爱舞蹈，由几千只舞蝇排成一个大圆阵而款款飞舞。舞时常常分作上下两层，这些童贞的雄蝇，近着水面飞，若有什么落向水面来，便赶忙去捉。有时分量太重，竟着水了，雄蝇自己不着水面，但总跟着这东西打旋，用种种方法，最终将它拿到水上而带走。总之，雄的如得到了某种合意的猎物，便离开水面的同伴，而加入上层的舞群。它在那边一面飞舞，一面等待雌蝇的飞来。它们所捕获的，不论纸片、垃圾什么都好；恰和袋蜘蛛把纸片当作自己的卵囊，郑重地抱着一样。

　　这绢丝究竟是从哪里出来的呢？以前一直不明白，有人以为同蚕吐丝一样，是从蝇的口部分泌的，有人以为是从腹部的某处分泌的。可是，这些推想都错了。日本的松村松年，检查舞蝇的前肢，见胫节的末端特别膨大，才知道这膨大部分就是分泌绢丝处。当它们捉到某种猎物时，便从前胫节分泌出这种液状的绢丝，把它缠绕，一碰到空气立刻硬化，变成强韧的绢袋了。

　　北美洲有一种舞蝇，名叫爱比斯霍利台。雄蝇在空中跳舞时，总抱着一个比自身大一倍的气球。这也和上面所讲的那种舞蝇一样，是雄蝇分泌物所成的气袋，里面总藏着一只小虫，这也是给雌蝇交尾后吃的礼物。某种舞蝇的绢袋，和彗星相像，有一个长长的尾巴。

七　琐谈两则

蝇的脚上并没有什么吸盘，但它们能在天花板上走，有的还要用两只前肢，互相搓搓，或用后肢拂拂翅上的灰尘，表示它们虽颠倒着身躯，也满不在乎。

现在要研究的，是蝇在飞的时候，不是背向天花板嘛，那么它们要静止到天花板上去，必须翻一个身，这时的动作是怎样的呢？是一个倒翻筋斗上去呢？还是侧身一滚呢？英国某学者，发表了他研究的结果：蝇要停到天花板上去时，先侧着身子横飞，用一侧的三脚先搭上去，接着那侧的脚也跟着上去，不过这时的动作非常迅速，不十二分留意，是看不清楚的。

蝇是谁见了都要讨厌的东西，但我国古代竟有画蝇的画家。据说三国时候，有一个名画家曹不兴。有一天，他替吴国皇帝孙权画屏风，谁知正当他一心一意地渲染勾勒的时候，无意中滴了一点墨渍在上面。这倒使他为难了，若重画一张，恐怕未必能画得这么好；若把滴了墨渍的进呈，又是大不敬。最后他想出了一个好方法，就将这墨渍加上了两翅六脚，画成一只苍蝇，就这样献上去。后来孙权看到这扇屏风时，竟误认作真有一只蝇停在那里，用手一回两回地去赶。

第八章

蜻蛉

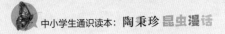

一 种类

蜻蛉没有蛱蝶般美丽的翅，又不会像萤那样带着灯笼飞，在黑夜中来夺人眼目，更不会效仿蟋蟀和蝉低吟高唱，只凭着敏活轻快的飞行姿态，引起人们的注意。你看，当它贴水低飞时，真像掠水的春燕；平张两翅，在空中滑走时，更像打旋的鹰隼。它飞行的速度，是一小时 50 千米至 75 千米。人类的双翼飞机，原有许多地方是模仿它造的，所以像掠空追敌和连翻几个筋斗时的姿态，正和蜻蛉追逐蚊虻时一般。

越是热的地方，蜻蛉的种类越多，大致可以分作不均翅类、均翅类和古蜻蛉类三群。古蜻蛉类，全世界只有两种，其余都可分别归入上面的两群。

现在先把不均翅类明显的特征来说一说：

不均翅类是雄性的种类，体粗而刚健。左右一对大眼，在头上排得十分密贴。后翅的基部，比前翅要阔些，所以叫作不均翅类。当静止的时候，其将两翅向体的两侧平张。其幼虫水虿也全身坚固而胖，或宽而扁平。通常较大的一类叫作蜻蜓，较小的一类叫作蜻蛉。

白尾蜻蛉（Orthetrum albystylum speciosum Uhler）在九月左右出现，尾部的附属物是白色的，翅尖稍稍带点褐色。蜻蜓（Anotogaster sieboldii Selys）在八月里出现，身带青色，是我国大型的种类。女蛏（Nannophya pygmaea Rambar）身躯细小，体色美丽，雄的红色，雌的黄色。在我国古书上，红而小的叫赤卒，黄而小的叫黄离，大概就是这种了。雄的体长17毫米左右，雌的更小，只15毫米左右。六月里在池畔沼边，常常能看到。黄蜻蛉（Libellula maculata）体褐色，密生黄毛，腹部第一节是黑色的，第四节以下有黑色的条纹，翅也略带黄色，各翅的前缘中央，有黑褐色斑点，而且后翅的基部也有同色的斑纹。

这般美丽的蜻蛉，在初春就出来了。比它更华美的红蜻蛉（Crocothemis servilia Drury）在盛夏才出现，所以表现出灼热的颜色。雄的身体，尤其红得鲜艳，各翅的根部，现玳瑁色。其身长约40毫米，常在池畔沼边飞翔，往往停在水边的草上。蓝蜻蛉（Rhyothemis fuliginosa Selys）的翅色，更长得特别，前后四翅，除尖端外，全是有光泽的黑蓝色，而且因光线作用，更显露各种千变万化的色彩。头也是黑蓝色的，身子是黑色。当它在高空或树梢翩跹飞舞，或张了翅膀在空中浮着时，完全像蛱蝶一般。

均翅类都非常柔和，楚楚可怜，翅多有艳丽的色彩，身子孱弱而细长，眼生于头的两侧，离得颇远。翅前后两对，都同形同大，基部尖细，静止时，把两翅垂直地竖在背上，翅面相合。幼虫（即水虿）也颇细，尾端有三片翼似的尾鳃。最普通的种类，是水蜻蛉和豆娘。

水蜻蛉（Mnais costalis）的身体和翅，都十分细弱，动作又颇柔和，是雌性的蜻蛉。它们常常在池边河畔的树丛中栖息。它们不能像蜻蛉那样，凌空高飞；在河面池上飞时，也多贴水低翔。体虽放金光，但色彩少变化，可是翅色倒艳丽得多。产卵时或是雌的单独，或和雄的一起，顺着水草的叶后退，身子没入水中，将卵产在水草的茎叶里。

蜻蜓   白尾蜻蛉

女蝍

黄蜻蛉   蓝蜻蛉

水蜻蛉的身子，长约60毫米。雄者的翅，除基部外，全现赤橙色，体上更有一层淡青色的粉附着；可是雌者的翅，只稍稍带一些赤黄的色调。这种蜻蛉常在河上飞翔。热带地方产的种类更多，翅透明，或淡黄色，或再加上青蓝色、琉璃色等有光泽的斑点，鲜艳绝伦。

水蜻蛉

豆娘比水蜻蛉更小，是蜻蛉界最小的种类。翅色并不美丽，体色若仔细去看，便能看出有很复杂的图案。它们瘦怯可怜的身躯常在水边出现，有时竟因迷途而撞到我们的天井里来。其产卵的方法，和水蜻蛉一般无二。

黄豆娘（Cerayrion melanurum）全体黄色，只腹端几节是黑色

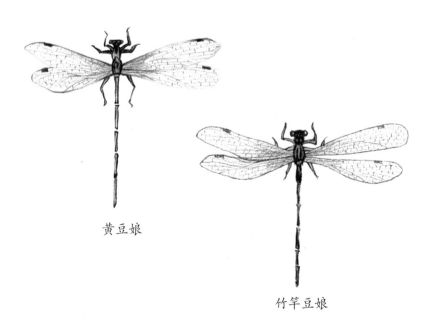

黄豆娘

竹竿豆娘

的，长约 35 毫米，是一种美丽的蜻蜓。还有一种竹竿豆娘（Copera annulata），长约 40 毫米。雄的青白色，雌的淡褐色；黑色的腹部，间以青白的横条，节节分明，与竹竿相似。豆娘中最大的，是青豆娘（Lestes temporalis），长约 50 毫米，体现绿色，翅透明，常在水边树林间飞翔。它们产卵时，在树枝上开一个小孔，将卵塞进树皮的下面。树皮受伤的部分后来膨胀成瘤。河边的桑树果树，遇到这种意外的敌人，常常受很大的损害。

剩在最后的古蜻蛉类，是兼有之前两类形质的中间型的蜻蛉：身子粗，有大而左右接近的眼睛，完全和不均翅类一般；但两对翅同形同大，基部较细，静止的时候，将翅竖起，在背上合着，这等形质更和均翅类无异。

这样有趣的蜻蛉，是化石时代的遗物，那时曾兴旺地繁殖过，因为已从世界各地，掘出许多化石。可是现在已衰灭，只有两种生存着：一种产在印度的喜马拉雅山，它的幼虫，直到现在只获得一只，而且尚未能断定究竟是否确实属于这一种蜻蛉；一种产在日本各地溪间，幼虫也是最近方才发现的。

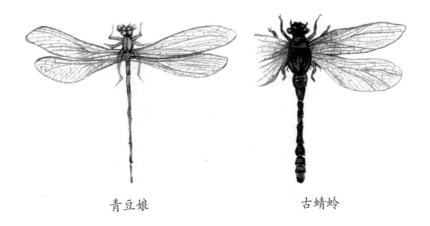

青豆娘　　　　　　　　　古蜻蛉

二 适于飞翔的构造

　　蜻蛉，有着细长的身躯和两对大翅，所以具有迅速的飞行力，这是大家都知道的。这两对翅都是薄膜，用细的网状脉和中间几根粗的纵脉支持着，前翅和后翅，有同大同形的，也有后翅稍稍大些的。静止的时候，有的水平地张着，也有的垂直地竖着，这些是蜻蛉分类上的重要根据。后翅的内缘，向下方弯曲，这是升降的调节器。当它高高向空中上升时，便把这内缘向前方伸去；降下时，将它向后方缩。

　　飞得快的昆虫，必定要有能够看远处的眼。所以蜻蛉的眼，在昆虫界中要算最发达的了。蝶和蛾的眼，虽也发达，但总不及它。蜻蛉的眼，不光是大，而且构成复眼的小眼数又非常多，是15000到20000只吧！每只小眼，只能映到物体的一部分的像，要由多数小眼的像，才能认识整个物体。而且当物体移动时，动的部分移映在别的小眼，所以不用转眼睛，便知道物体在移动；当急速飞行时，可以明晰地看到外界情形，在它是十分便利的。此外，和蜻蛉同样，有一对大复眼的便是虻。家蝇也有8000左右小眼，所以，有人说家蝇在头上开着8000个小圆窗。蜻蛉除复眼之外，头顶上还有三只单眼。我们如果用漆将它的复眼涂满，放了，它就一直向天空遥遥上升，最终不知飞到哪里去了。因此，我们可以推想昆虫的单眼是近视眼。

　　触角变成刺毛状，短细得几乎引不起人们的注意。腮倒强硬得很，就是甲虫类的坚甲，也能够毫不费力地咬碎。胸部很粗，向前下方倾斜的侧板（Pleurum）发达，而背腹两面反而十分狭细，所以脚不单生得比较在前方些，而且左右都互相接近。六只脚简直聚生在口的后面，而且脚的胫部，生着一行细毛，若把六只脚一围绕，一只笼子便造成了。这种构造，在空中捕捉虫类，是非常适当的。虫一旦被捕，不容易从笼中逃走。而且，脚既长在口旁，运食上也比较方便。不过，它的脚不能像别的昆虫那样步行，所以静止时要改变位置，必须再飞起一回，取食物也必定在飞行时。

它性情凶猛，不是活的虫不吃。因为它有专捕食人类之敌蚊、蝇、蝶、蛾、浮尘子等的习惯，所以实在是值得保护的益虫。

三 打箍和咬尾巴

　　我们常常看到，两只蜻蜓，头尾相接，打成了箍在空中飞行。有时独只蜻蜓，自己把尾巴咬住了飞。这究竟是什么意思？难道是在打架吗？但是咬尾巴又怎样解释呢？要明白蜻蜓打箍和咬尾巴的原因，先需将蜻蜓的腹部构造，来细细观察下：

　　蜻蜓腹部的末端，有一对钩形的把握器，雄的特别发达。雄蜻蜓常用这钩形的把握器，挟住雌蜻蜓的头部或胸部而飞行。而且，它们腹部还有在别的昆虫身上绝对找不到的奇妙的特别构造，这叫作副性器，是长在雄的第二、三腹节下面的复杂器官，做贮藏精液用。雄蜻蜓常常弯着肚子，把从尾端排出的精液预先贮藏在这里，这就是我们看到的蜻蜓咬尾巴。

　　雌蜻蜓的生殖器在尾端，形状是突起的。雌的头被雄的尾端挟住时，它也就立刻将腹部向前弯曲，把尾端抵到雄的副性器插进去，吸收精液。这时两只蜻蜓呈首尾相连模样，就是我们所说的蜻蜓打箍。普通所用的"交尾"这个词，在别的昆虫，虽很适当，在蜻蜓，倒觉得有点儿不大吻合了！

四 太古时代的大蜻蜓

　　世界上现存的昆虫种类虽然很多，但古代昆虫的化石，却很少看到。

　　为什么昆虫化石这样少呢？据学者们的研究，有两种原因：一是昆虫在海水中生活的极少；二是在含有水分的地方，形成昆虫骨骼的几丁质便要溶解，所以不适于变成化石。

　　现在各国所发现的最古老的昆虫化石，多是属于太古代石炭纪的。这时，脊椎动物中最早出现的鱼类已经早早产生了。在石炭纪时代，地球的表面植物繁茂，昆虫已有许多出现，而且种类也颇丰富。因为这时的昆虫化石，从系统学上看来，已相

古代巨大的蜻蜓

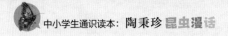

当进化，而不是原始的了。

在这仅有的昆虫化石中，竟有一种古代巨大的蜻蜓。我们试仔细观察一下，便看到前胸有一对鳞片状的附属物，和现在鳞翅类的肩板相似；身子和直翅类相似；翅上有细细的翅脉，密密地分布着，更和脉翅类相仿；此外都和现存的蜻蜓一般，可见蜻蜓大体上总还是比较原始的形态。

这种古代蜻蜓，真大得很，两翅张开，足有 80 厘米。当它在茂密的古代森林顶上翱翔时，真同掠空低飞的双翼机一般。

第九章

蟋蟀

一　异种类和异名

蟋蟀

油葫芦

一到晚夏初秋，篱边墙下，便可听到蟋蟀在低吟浅唱，可是又因种类不同，腔调也就各异。现在把最普通的几种，介绍一下：

蟋蟀（Gryllodes berthellus Saussure）是我们通常捉来养着玩的一种。有些地方，因为它掘穴而居，又叫作穴居蟋蟀。从八月中旬起，直到十一月中旬，它连续不断地"曜——曜——曜"高叫着。

油葫芦（Acheta mitrata Burmeister）体长25毫米，是蟋蟀中最大的一种；前翅发油光，现暗褐色；后翅折叠在前翅的底下，但还有长长的一截露在外面，恰像添了一条尾毛。所以《事物绀珠》上说："油葫芦如促织而三尾。"成虫从九月中旬起，便大量出现了。它们常住在堤畔或农场的垃圾中，食害胡瓜、甘薯、粟和蔬菜等，或住在人家附近的草丛中。鸣声是：各罗各罗……或壳罗壳罗期……在著者故乡（浙江萧山）它被叫作牛粪蟋蟀，因为翅色很像牛粪。

三角蟋蟀（Loxoblemmus haanii Saussure）体长2厘米左右，翅现黑褐色，上面还有黄纹。雄的颜面，恰像削过般成一平面，头部有三个大的突角。它通常在垃圾堆中，"利、利、利、利……"这般短促地鸣叫。这种三角蟋蟀，在著者故乡多叫作棺材头蟋蟀，因为其颜面同棺材头相仿。因此又产生了一种迷信，人若捉了它拿到家里去，要发生不祥的事。

高颧蟋蟀（Lo oblemmus arietulus Saussure）和三角蟋蟀相似，不过雄者头部的突角不大显著。它从十月中旬起出现，在堤畔或其他光线较少的地方，利利利利、利利利利……这般连续低鸣；有时会光临屋内，尤其是灶旁。

意大利蟋蟀（Cecanthus pellucens Scop）身子细小怯弱，体色苍白——有的几乎雪白。它住在各种灌木和长草上，营空中生活，降到地面来的时候很少。它的歌声"古利矣矣、古利矣矣"，缓慢而柔和，更略略带一些颤音，听到这种歌声便可推知其振动膜很薄而阔。从七月直到十月，每天

高颧蟋蟀

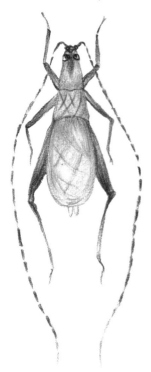

意大利蟋蟀

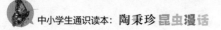

从太阳下山时起，它都要连续不绝地叫到夜过半。

蟋蟀不单有这许多异种，就是普通蟋蟀，也因方言关系，又有许多异名。像蛩，是它早早已经有了的异名，又因为它要低吟浅唱，就叫作吟蛩。它在秋天叫得最起劲，仿佛在催促人们赶快织布，准备寒衣，因此又叫作促织和趋织。俗谚说："促织鸣，懒妇惊。"于是山东济南就叫它懒妇（见《古今注》）。汉朝龙骧子，自己的名字叫作邛，不愿说同音的蛩，就叫作秋风，这是因个人的方便，而替它加上的异名（见《清异录》）。此外还有王孙（见《陆玑诗疏》）、投机（见《埤雅》）、莎亭部落（见《清异录》）等特别的名字。

蟋蟀的口器由以下几部分组成：广阔得几乎盖住了全部口的上唇；从中央开裂，分成左右两部的下唇；尖端锐利而坚牢的一对大腮；躲在大腮下面，同针一般细小的小腮；司触觉的下唇须和小腮须；属于咀嚼式口器，有颇强的咬嚼力，适于草食。

蟋蟀的胸部，也和别的昆虫一样，是由三个环节组成。前胸生一对前脚，中胸和后胸各生一对脚和一对翅；可是前胸特别大些，恰像我们围了围巾一般。那么蟋蟀的前胸为什么要长成这等模样呢？大概当它一跳落下来时，即使头部碰着了什么，也可因这围巾状的胸缓和打击，免得颈部受伤。

我们再来看它的翅膀。上面已经说过，有前翅和后翅各一对，后翅已经退化，只留着一些痕迹，藏在前翅的底下。前翅发油光，呈暗褐色，狭长形，质地稍硬。后翅虽雌雄同一形状，前翅却不同，雌的只有细的网状翅，雄的还有美丽的波状脉，这就是它能够歌唱的缘故。

我们捉蟋蟀时，如果光抓住了它的一只脚，它便留下这脚而逃走了。这是一种自卫的手段：身体的一部分已经陷在敌人手里，除舍去之外，没有别的自救方法时，便只好将这一部分身体"自切"而逃命了。"自切"并不是利用敌人拉扯的力而脱下，是它自身有一种特别装置，可以随意地将这部分脱下。除蟋蟀之外，像蟹、蝗虫等的脚，和守宫的尾，都能够随意脱下，在危险中逃命。不过蟋蟀因为寿命太短促，脱下的脚，不会再生。

三 巢穴

这是昆虫历史上传下来的一段逸话：

曾有一只贫苦的蟋蟀，在自己门口曝日；
一只美丽的蝴蝶，不知从哪里飞来。

这蝶有两根长长的须，真漂亮，真好看，淡蓝色的月斑，连成一串，黑线上，还有点点金光。

"飞呀！飞呀！"隐士对蝴蝶说，"花枝上，朝朝暮暮；你的蔷薇，你的雏菊，不及我卑陋的小舍。"

他的话真不错。暴风骤雨来了，蝶便落在泥潭里，它破碎的遗骸上，天鹅绒都染了污渍。可是，不怕风雨的蟋蟀，不管雨打、风吹、雷鸣，躲在小房子里，毫不在意地喤喤低唱。

呃，谁都在东奔西走，找寻快乐和鲜花。

卑陋的家庭和家庭中的和爱，倒是使我们免除忧患。

上面是法布尔《昆虫记》中歌咏蟋蟀的诗。他不称赞它的歌声婉转，而只推崇它的造巢能力。的确，蟋蟀是造巢的天才。别的昆虫，多在开裂的树皮、枯叶、石砾的下面，暂时寄身；独有这种蟋蟀，轻蔑现成住宅，要拣好向阳而合乎卫生的草地，用自己的力，从穴口直开掘到深处。

穴的内部，非常朴素，可是并不粗陋，它已费了长长的时

间，把不愉快的凹凸全部消除了。从穴口起，先是一条指头般粗、20余厘米长的走廊。走廊的尽头，便是一间卧室，比别部打磨得更光滑、更宽大，这是它休息的地方。穴内非常清洁，毫无湿气，很合卫生。虽然不见得怎样复杂和宽敞，但对于没有什么掘穴工具的蟋蟀，真如同开一条大隧道一样啊。

除交尾的时候外，穴里总是住一只蟋蟀。若有不愿自己开掘的懒惰者来夺穴时，便起一场大争斗。当然，这穴是属于优胜者的。

四 产卵和孵化

　　要看蟋蟀产卵，不必怎样大规模地准备，只需有点儿忍耐心就行了。六七月里，捉一只雌蟋蟀，放在底下铺着一层泥土的花盆里，再用玻璃或铜丝网罩着，防它逃走；而且要常常换鲜菜叶，不要使它挨饿。这样布置停当后，如果你还肯热心地一次一次访问，那一定能够给你一个满意的报酬。

　　雌蟋蟀产卵时，将产卵管垂直地插入泥土中，静静地伏着；过了多时，拔出产卵管，休息一回，再到别处去；在它势力范围内的全面积上，一次一次地重复着，大约经过 24 小时，产卵工作方才完毕。

　　我们如果拨开花盆中的泥土，便能看到呈两端圆的圆筒形、长约两毫米、稻草似的黄色的卵，各个孤立，垂直地并列在土中，凡是两厘米深的地方，便能寻得。一只雌蟋蟀，一次要产五六百枚卵。卵数这般多，大概在短时期内，还要经过残酷的淘汰。

　　卵在产后的第十五六天，两点圆圆的带赭色的黑眼，在前端隐隐地看得出了。这时，这两个黑点的稍上方，就是圆筒的顶点，有个小小的圆圈痕显现，这就是破裂线。不久，卵透明了，连幼虫的环节都看得出。后来，卵顶被这蛰居者的额一顶，就沿着破裂线分离，抬起，挂在一边，恰像小坛的盖子。小蟋蟀，就从这魔术箱里出来了。

产卵的姿态

幼虫出来后，壳依旧膨胀地留着，光滑、洁白，没有伤痕，球帽似的盖子，倒挂在口上。鸟卵壳往往被雏鸟啄得七洞八穿，但蟋蟀的卵壳倒有更好的装置，只需用额一顶，便因铰链作用，完全像象牙筒似的开了。

抬起象牙筒似的盖而出来的小蟋蟀，身上还有襁褓似的一层薄膜紧紧地包裹着。蟋蟀有着长长的须和长长的腿，就这样从卵中出来一定砸砸碰碰，有许多不便，所以要这样一件产衣。它一出卵口，便把这层薄薄的襁褓脱去了。

脱去薄纱般的襁褓，洁白的小蟋蟀，立刻和头上的泥土开战。它用颚咬呀、扫呀，细碎的尘埃，便用脚蹴向后方。最终它到达地面，浴着和暖阳光。同时，和蚤一般大，非常孱弱的它，已投在生存竞争的危险旋涡中了。经过 24 小时，体色变成黑檀色，和成虫相仿。当初洁白的身躯只剩一条狭窄的白带，绕在它的胸际，恰像刚学步的孩子，胸口缚着一根牵引带。

它舞着长长的触角，慢慢地走，高高地跳，只须提防要残杀它的敌人——蚁。

到十月底，天气逐渐冷起来，它就着手掘穴了。起初它掘得很起劲，在容易掘的土地上，只需两小时左右，就全身没入地下。此后得到闲暇，它便每天掘一点儿，所以随着天气的加冷，身子的长大，它的穴也渐渐地越掘越深，渐渐大了。这样在地下过冬，到来年春天，它又跳到地面上来。

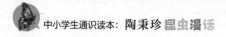

五 交尾和争斗

蟋蟀是雌雄别居，大家都不大愿意出门。那么终究是哪个出门呢？是叫的雄虫，走到被叫的雌虫那边去呢？还是被叫的雌虫，走到雄虫那里去呢？若说在交尾时期，鸣声是远远隔离开的两家间的向导，那么应该是哑的雌虫，走到饶舌的雄虫那儿去。可是，你如果细细观察，好像雄蟋蟀有一种特别方法能够追寻无声的雌虫。

如果有两只求婚者，便要起激烈的斗争，双方相对立起，劈头便咬头盖——但这是很结实的，大腮咬不进的。接着，它们扭着在地上打滚，再立起，各自分开，败的便赶忙逃走，胜的高唱凯歌。

此后，胜利者便在雌虫的周围骨碌骨碌兜圈子。它用指尖将一根长须拉到腮下来，细细地玩弄，涂上一层唾液，又将穿着铁跟靴、缠着红带的长后肢，焦灼地踏地，或向空中弹蹴。两翅虽迅速地颤动，但并不发声；即使发一些微音，也是不整齐的摩擦音。

求婚失败了，雌虫已逃跑并躲入草从中，但它还在牵帷眺望。这恰和古代希腊牧歌中的名句所咏一般：

逃向柳荫深处，
好从隐处观瞧！
恋爱的历程，是到处都同的。

歌声又起，是低低而夹着颤音。雌蟋蟀终究因这般的热情而动心，从隐处出来。对方走到雌虫的面前，忽又掉转身来，尾巴向雌，伏着倒退，步步地逼近来，再三地想滑进雌的腹下，这奇妙的后退的运动，终究达到目的。一粒精囊，比针头还细小的微粒，摇摇地落下了。

　　十米左右的长距离旅行，在蟋蟀真是一件大事业。那么事情完毕后，平常幽居鲜出、地理不熟的它，已无法回家了。它已没有重新掘穴的时间和勇气，只在草畔彷徨，往往做了巡夜的蛤蟆的点心，得到悲惨的结局。它虽因求爱而失家杀身，但已完成了传种的神圣义务。

六 促织经

　　唐朝人多喜欢捉得蟋蟀，养在小笼子里，放在枕畔，夜里听它的歌声。到了宋朝，江浙一带，已有用斗蟋蟀来赌钱的了。斗时，必先依着虫的大小轻重配搭；赌钱的人，也各认定一方，任意下注；然后在特别的盆中，用草牵引，开始争斗。由两虫的胜负，来决定钱的输赢。凡常常得胜的蟋蟀，便有什么将军的封号，死后还要用金棺盛了埋葬呢！

　　南宋时代的宰相贾似道，便是和蟋蟀最有缘的。那时南宋建都临安（现在的杭州），他便在西子湖边，造一间别墅，叫作半间堂，在里面大斗蟋蟀。他不但在《蟋蟀论》中，大大地赞美，说什么：

　　煖则在郊，寒则附人，似识时者；拂其首则尾应之，拂其尾则首应之，似解人意者；合类颉颃，以决胜负，英猛之气，甚可观也。

　　他还写了一本《促织经》，把选择法、饲养法、疗治法说得清清楚楚，现在就再抄录一节吧：

　　生于草上者其身软，生于砖石者其体刚，生于浅草、瘠土、砖石、深坑、向阳之地者，其性劣。其色，白不如黑，黑不如

赤，赤不如黄，黄不如青。其形，有白麻头、青项、金翅、金银丝额，上也；黄麻头次也；紫金黑色又其次也；以头项肥、脚腿长、身背阔者为上；头尖、项紧、脚瘠、腿薄者为下。其病有四：一仰头、二卷须、三练牙、四踢腿，若犯其一，皆不可用。若两尾高低、两尾垂荽，并是老朽，亡可立待也。其名，有：白牙青、拖肚黄、红头紫、狗蝇黄、锦蓑衣、肉锄头、金束带、齐脊翅、梅花翅、琵琶翅、青金翅、紫金翅、乌头金翅、油纸灯、三段锦、红铃月额、头香色、脯铃之类。养法：用鳜鱼、菱肉、芦根虫、断节虫、扁担虫、熟栗子、黄米饭。医法：嚼牙，喂带血蚊；内热用豆芽尖叶；粪结用虾婆头煮川芎搭浴；咬伤用童便蚯蚓粪调和，点其疮口。

这位宰相养蟋蟀的经验，的确是丰富，你看他能说出这许多诀窍。可是仅保的半壁山河，又在嘤嘤声中，动摇了，亡失了。

144

第十章

蝗虫

一 种类

蝗虫是螳螂和蜚蠊①的远亲，但和螽斯蝈蝈儿倒是弟兄辈分，你看它除触角呈鞭状而短，雌的产卵管不长，变成短短的钩状；雄的生殖下板很强大，呈舟形，藏着交尾具等几个特点外，几乎完全相同。

蝗虫科又可分作九个亚科，种类多得很。有几种只栖息于南美或西欧，现在将我国常见的几种，介绍一下：

大蝗虫（Pachytilus danicus Linnaeus）体长50毫米到70毫米，全身现黄褐色或绿色，而且略略带一点天鹅绒般的闪光。大腮是蓝色，前胸背部的中央，有一条纵向的隆起。前翅很长，盖住了腹部，还有许多刺，上面还有黑褐色的斑点。后腿节是鲜红色。幼虫起初是白色，不久就变暗灰色。常常结成大群，到处飞行。

红脸蝗虫（Stauroderus bicolor）体长30毫米到60毫米，普通多现褐色，偶然也有别种色彩的。脸带赤褐色，前胸比头部更细，背面突起的纵纹，是黑色的。前翅比腹部长，有黑褐色的斑点，近着中央，还有几点灰白斑。后翅透明，末端稍稍暗些。后肢的腿节，是淡红底色上洒了黑斑，胫节端是赤褐色，跗节是黄白色。这是草丛中常常遇到的一种，还能够"其、其、其"地啼叫。

---

①即蟑螂。

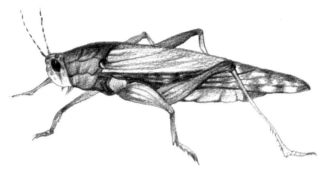

大蝗虫

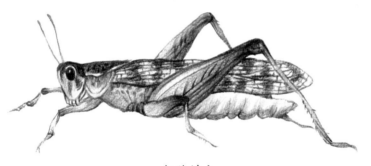

红脸蝗虫

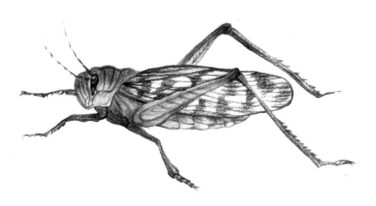

车轮蝗虫

车轮蝗虫（Gastrimargus transversus），雄的长 40 毫米左右，雌的是 50 毫米左右。体现绿色或褐色，触角黄色，前胸的纵走隆起和两侧的纵条是黑色。前翅绿色，两侧呈黑褐色，还有两三条纵走白纹，外缘有黑褐纹散布着。后翅的基部现黄绿色，外面有一黑带绕着，张开时恰像车轮。车轮蝗虫的名字，也是因此而来的。后肢的腿节上有小黑点散布着，胫节是红色的。

此外像捣米虫和蚱蜢，也是蝗虫科中常见的昆虫，就顺便在这里介绍一下。

捣米虫（Acrida lata）体长：雄虫 40 毫米左右，雌虫 85 毫米左右。全身现绿色或褐色，有的有斑条，有的没有斑条。头呈圆锥形，突出，有一对扁平呈剑状的触角。雌虫的头部两侧，有桃色的纵纹；前翅的中央，又有一条纵走的白纹。飞翔时，发"克叽克叽"的摩擦音。你如果抓住了两只后肢的胫部，它全身便一俯一仰，动个不休，恰像捣米一般，所以得了这样一个名字。

捣米虫

长翅蚱蜢

脊条蚱蜢

长翅蚱蜢（Oxya velox Fabricius）是有名的稻的大害虫，分布于东亚各地。体长 30 至 50 毫米，现黄绿色，前胸的两侧有褐色纵纹。前翅比腹部长许多，前缘还有深深的缺刻。

脊条蚱蜢（Patanga succincta）雄的体长三四十毫米，雌的有六七十毫米。体现黄褐或赤褐色，从头顶直到前翅的后缘，有一根粗的黄纹。复眼的下面装着粗的黑条。前胸两侧，有黄白两条，中间还夹一根黑纹。前翅很长，超过尾端，黄绿色，但基部呈黄白色，中央及外缘有褐色的斑纹散布着。后翅暗褐，翅底带赤色。

二　鸣声

当蝗虫吃得饱饱的，在日光中悠然休憩的时候。为了表示满心喜悦，它用粗胖的后腿，或右，或左，或两方一起，擦自己的腹侧，发出针头划纸似的低低的摩擦音，每反复三四回，休息一下。其实这不过像我们感到满足时的擦手，不能算什么鸣声。像大蝗虫和捣米虫，当飞行的时候，前后两翅相击，发出"咯叽咯叽"的声音，也不大像音乐。

唯有红脸蝗虫等，能用有特殊构造的后腿，摩擦前翅，发出"嚓——嚓——"的声音。虽没有像蟋蟀、聒聒儿的歌儿那样好听，但在寂寂旷野中，听到这样单调而哀愁的鸣声，谁都会涌起诗情吧！

这种蝗虫的后腿，上下面都有龙骨形的隆起，而且各面还有两根粗的纵脉。这两根粗脉中间，都有呈锯齿状的突起。不过被腿节摩擦的前翅的下缘，只有几根粗脉，此外并无什么变化；而且这几根粗脉，既不是同锉一样粗糙，又没有齿形。这样简单的乐器，要发出人们听得见的音乐，它必须起劲地将后腿举起放下，动个不休。

当天空中断云飘浮，太阳时现时隐的时候，你若去观察它们的歌唱状况，便能得到下面的结果：当阳光照着时，它们两腿迅速地擦动，歌声虽短促，只要太阳不躲进云里，便不会停止。云影移来，歌声立即停止，等待阳光照临时它们再唱。

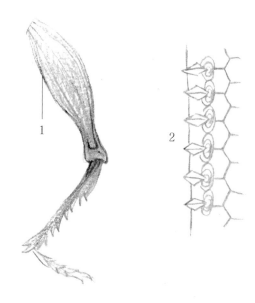

蝗虫的发声器
1. 后肢的锯齿面；2. 锯齿面的放大

　　发声的动物，大概都有耳朵的。蝗虫类的耳，在腹部第一节的两侧。这是半月形的鼓膜，下面装有导音器、听细胞、听神经。第二龄的幼虫，能够从外面看到，不过也有终生不露什么痕迹的。

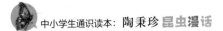

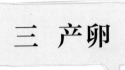

三 产卵

　　蝗虫交尾，是雄虫走近雌虫，这时，有鸣器的种类，便起劲发声。到后来，终究攀上雌的背面，伸长蛇腹式的肚子，左弯右曲地把尾端和雌的相接。这种交尾形式，和螳螂相同，和蟋蟀各异，完全是交尾具形态的关系，这里不详述了。

　　母虫产卵，总在四月下旬。它选择了向阳的地方，不断地努力，将尖端圆钝的腹部，垂直地插入泥中（但也有产卵在朽木中的），直到全部埋没。因为另外并没有什么穿孔器，不大容易插入，常常使它踌躇，但终究以坚忍而达到目的。

蝗虫产卵

母虫到身子一半埋入泥中时，辛苦的工作也告成了一半。它又把身子仰一仰，这是将卵挤出的动作，所以每隔一定时间反复一回。大约经过 40 分钟，母虫赶忙将腹部从泥中拉出，向远方跳去，既不看一看产下的卵，也不扫拢泥沙来遮盖孔口。

蝗虫没有蟋蟀般长的产卵管，但卵若不放在相当深的泥中，湿度不够，所以只好尽可能地伸长腹部。若把产卵的雌蝗，从穴中拉出来，诸位看了必定要吃惊，因为环节间膜，已出乎意料地伸长，而成透明的腹部了。

蝗虫类的一个卵块，含有 30 到 60 枚卵子，还有黏液做成的外包。

四 从蝻到蝗

蝗虫的幼虫，有一个特别的名字，叫作蝻。形态上和蝗的不同之处，就在两对翅。蝻的前翅是小小的三角形，上端附在背上，和前胸甲的隆起相连接，两尖端左右分开，恰像一袭为了可惜布匹而做成的齐胸短衣。里面还有两根细的皮带，这是翅的萌芽，比前翅更小。

蝻完成了最后一次的蜕皮，就成蝗虫，中间不必经过蛹的时期，所以叫作不完全变态。研究昆虫的书本上，虽这样清清楚楚地写着，但读者总觉怀疑：形态这样复杂的蝻，难道也能像蛇那样蜕皮吗？生着两行细刺的脚，怎能脱得出呢？还是同死去的表皮那样，零零碎碎地脱落吗？

假使你有耐心，你便能看到从蝻变蝗的经过：它用爪仰向地挂在某物上，前肢缩在胸口，三角形的小翅，尖端向左右张开，中央露出两片狭狭的薄板，这就是全身保持安定的蜕皮姿势。

最先，不能不把旧衣撕破。前胸甲的背面，隆起纵纹的下面，起一胀一缩的鼓动，项颈的前方，也有同样的运动。大概要破裂的甲壳下面，全都有这等运动，不过只装着薄膜的接合处，让我们看到。

蝻所蓄积着的血液，齐向这中央部涌来。外皮尽可能地伸张、伸张，终究沿着预先准备着的、抵抗力最少的一线，破裂了。裂口和前胸甲一样长，恰恰开在隆起部的上面。它的外皮，除这抵

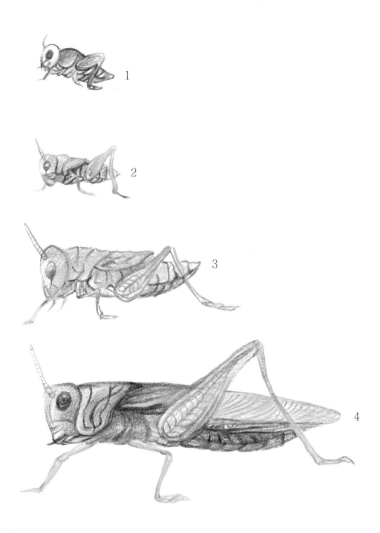

1

2

3

4

从蛹到蝗

抗力最小的一线外，不论哪部分，绝不会破裂。裂口渐渐伸长，后方直到翅根，前方到头部，到触角，再在那里向左右各分一条短短的枝，背脊可从这裂口看到了，极软、苍白、略带灰色。不久，渐渐膨起，渐次变成了瘤，最终完全脱出。

接着，头部也拉出了，面具照旧留在原处，丝毫不改变，两只已经什么也不看的玻璃眼睛，实在奇妙得很，触角的筒，并无皱襞，丝毫不乱，保持着自然的位置，在这死而透明的面上垂着。

这回轮到前肢了，接着中肢也脱下了手套，依旧是不裂不皱，保持着自然的位置。这时，虫只凭长长的后肢的小爪挂着，它的头向下，垂直地下垂，我们若用指头去碰一碰，便像钟摆那样摇摆不定。

这回翅膀拉出来了。这简直是四片狭幅的破布条，又像嚼碎的纸捻头，而长度也只是长成后的四分之一，非常软弱，垂在身体的两侧。本应该向着后方的翅尖，现在竟向着倒挂着的虫的头部，恰像四片厚肉的小叶，受暴风雨的侵袭而萎垂。

这时，拔后肢了。大腿在里面，涂着淡蔷薇色，一会儿，这种色彩变成深红色的线条。照我们想来，拔后肢并不难，因为有庞大的基部和大腿，替细细的胫部开了通路。

可是，事实上没有这样容易。蝗虫的胫部，有两行锐利的针状突起，还有四个粗爪附着在下端。蝈的胫部，也是同样构造：一个一个钩爪，用同样的钩爪，一一包着；一个一个齿，也是嵌在同样的齿里面。这锯子般的胫节，能够毫不损伤它狭长的鞘而拔出，若不是亲眼看到，总不能相信有这回事。

刚才脱出的肢，柔软得很，不适于步行，但过几分钟，就相当硬了。于是，拔腹部了：这薄薄的上衣，起皮，生皱，缩成一团，连在尾端。这尾端暂时嵌在壳里，此外，蝗虫已全身赤裸了。

它头向着地，颠倒挂着。着力点现在是空的胫节上的四个小爪。这四个小爪，在整个过程中，绝不移动。

尾端黏着壳上，定着不动。肚子非常大，里面贮满了可构成组织的体液，这体液立刻用在翅的发展上。

它休息了 20 分钟左右，背脊一挺，便向上了，再用前肢的跗节，攀着挂在上面的空壳，退出尾端，身子摇摆一下，而空壳坠地了。

完成了这种繁重的工作后，穿着齐胸短衣的跳蝻，就变成遮天蔽日的飞蝗了。

五　蝗群

　　蝗有集成大群、飞行各地的习惯。1889 年，红海附近出现的大蝗群，面积约 5180 平方千米；以一只重约 1.77 克计算，全体已有 42, 850, 000, 000 吨重。在远处的大群，恰像雨云一般。飞行的速度，普通是每小时 16 千米至 32 千米；若乘着顺风，60 千米至 80 千米也并不稀奇。高度约 666 米至 1000 米。蝗拍翅发声，和骑兵赴战场时的马蹄声一般，又像暴风乍起吹卷船桅。大群经过时，在附近的一切蝗虫全部加入，连无翅的跳蝻，也向着同一方向行进。地面不比天空，有重重的障碍不让它们直线行进，可是，跳蝻坚决的意志，竟战胜重重难关，若有墙垣拦住，它们便攀升；若遇流水阻隔，便浮水而渡；有时各自咬住别虫的脚，跨河架起一架活桥，牺牲一部分，让多数同类渡过去。

　　蝗群若降到地面，因虫数比草叶更多，青青的草原，立刻变成赤土。阿拉伯人常常受蝗群的迫害，害怕得很，竟认作是一种天降的恶魔来对人类复仇。在他们的想象中，蝗虫是有牡牛的首、雄鹿的角、狮子的胸、蝎的尾、鹫的翼、骆驼的腿、驼鸟的脚和蛇的尾巴的怪物。它具有一切动物中最强的、最快的、最可怕的特性。

　　他们还相信蝗虫只产 99 粒卵，若满百粒，它的孩子们便要吃尽全地球。北美洲最有名的蝗虫，名叫落机山蝗虫。政府为了对付它，还特地设立了一个特别机关。

我国蝗灾，历朝都有，真是记不胜记。现在把《玉堂闲话》中，关于晋朝天福末年大蝗灾的记录，介绍在下面：

蝗之羽翼未成，跳跃而行，其名蝻。晋天福之末，天下大蝗，连岁不解，行则蔽地、起则蔽天，禾稼草木，赤地无遗。其蝻之盛也，流引无数，甚至浮河越岭、逾池渡堑，如履平地；入人家舍，莫能制御，穿户入牖，井涧填咽，腥秽床帐，损啮书衣，积日连宵，不胜其苦。郓城县有一农家，豢豕十余头，时于陂泽间，值蝻大至，群豢豕跃而馅食之；斯须，腹饫不能运动。其蝻又饥，唼啮群豕，有若堆积。豕竟困顿不能御之，皆为蝻所杀。

在草地上点点飞跃，引得小孩们东奔西赶地追逐的蝗虫，竟能这样加害于人，真是万万想不到的。

六 治蝗

据说埋在泥中的蝗卵，若遇大雪，便要深深地往下钻，来年不得孵化。所以苏东坡《雪后书北台壁》的诗中，有"遗蝗入地应千尺"的句子。这究竟是否为事实，还需经过实际的考察；但采掘卵子，要算治蝗的最根本办法。之前，日本北海道发生飞蝗，开拓使就悬赏收买卵块，竟有不少因此发财的农家。

南非洲英国殖民地发生大蝗灾时，人们便张起布幕，拦住去路，使蝻全数坠入幕下新掘成的沟中；布幕的下沿，还缀上光滑的皮带，防它攀登。但这种方法，只适用于蝻，若已长成长翅，漫天飞舞，你再也别想拦阻它。

现在南非地方，对付这种飞蝗，是用煤气烧杀，但也有连植物都烧死的缺点。

现在已经发现的有效方法，是在幼虫时代，将砒酸铅、巴黎绿等毒药，撒布在食草上，把它毒毙；不过，一切家畜都须隔离。

这等凶横的蝗虫，其实也有许多敌害虫。

到了秋天，常常有死的蝗虫停在草上，这是被一种特别的菌类寄生的缘故。还有一种名叫美而米司的蛔虫，寄生在蝗虫的体内，当它从肛门外出时，寄生主蝗虫就死了。豆莞青（Epicauta gorhami）要吃蝗虫的卵。

此外像螳螂等，更是以蝗虫做主要食品。人们如果能保护这些昆虫和菌类，那么，蝗灾也可减少几分。

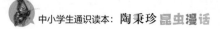

七 几则蝗虫食谱

蝗虫要掠夺人们的粮食，但另一方面，人也在吃蝗虫。南非地方有吃蝗的人种，他们除去蝗虫的翅和脚，再将它研碎，作为日常的食料；有时，涂上麦粉，到油锅里去一炸，做成一种煎饼，这算是细点心了；平日，把蝗虫在火上一炙，蘸了酱油就吃。

在从前阿拉伯国里，蝗虫算数一数二的上等肴馔，当举行祭典或庆祝时，台面上无论如何不能缺少这道菜。

现在把独玛将军在所著《大沙漠》中，引用的阿拉伯某著者的蝗虫食谱，节译在下面：

蝗虫是人和骆驼的好食料。把活的，或是晒干的，取去肢、翅、头，或炙，或煮，或是加了麦粉炖汤吃。

晒干了，磨成粉，加些牛乳，或加麦粉调炼，再加脂肪或牛酪及盐，煮食。

我们是靠圣母玛利亚的福。神为了她要吃无血之肉，而送蝗虫。

一天，有人去问回教徒的王恶玛鲁："你究竟许不许人民吃蝗虫？"王回答说："我也要吃一篮呢！可以吃的。"

那时王侯的御馔中，除鹧鸪、兔子以及美味的水果外，必定有用长长的竹丝串着的烧飞蝗。据说味道和小虾相似，但更鲜美。

第十一章

螳螂

一 异名和种类

　　螳螂的异名，除螳螂、蠰等外，倒有几个很有趣的：我国因为它昂首奋臂，颈长身轻，行走迅速，有马的姿态，所以叫作天马；又因它两臂如斧，当辙不避，叫作斧虫和拒斧；见它翼下红翅，和裙裳一般，又取了一个女性的名字，叫作织绢娘。

　　欧洲方面，有一个带宗教味道的名字，因见它两臂常常缩在胸前，同祈祷一般，德国就叫 Gottesanbeterin，法国叫 Mante，用英语的地方叫 Mantis，都是从希腊语中 Uavtis（预言者）衍生出来的，意思就是拜神者。在美国，螳螂有 Rear-horse 这样一

螳螂

个俗名，意义是竖立的马，也是从它的姿势而来的。日本叫作镰切，因它伸臂捕虫时，恰像用镰刀切物。

螳螂的种类也相当多，现在把最普通的大螳螂和普通螳螂，介绍一下：

大螳螂（Tenodera capitata Sauss）体长八九十毫米，是最大的一种。全身是绿色或黄褐色。前胸颇长，两侧有锯齿，背面有纵走的隆起。前翅比腹部更长，翅脉很细密，简直同绫一般；前缘现黄色。后翅半透明，横脉的一部分现褐色。前肢的基节，是橙黄色；跗节的内侧，有黑褐色的纹理。

螳螂（Tenodera aridifolia Stoll）的身体比大螳螂小些，长约七八十毫米。全身现绿色或黄褐色。前胸细长，背上有纵走隆起，但并不高。前翅盖到尾端，还略有剩余，横脉细，前缘阔，现黄白色。后翅淡褐色，半透明，有一部分横脉，很明显，现浓褐色。

此外像小螳螂（Pseudomantis maculata Thumberg）、大肚螳螂（Hirodula bipapilla Serville）等，也是常常遇到的。最特别的，是产在东非洲的花形螳螂，胸节的两侧，和前肢的腿节，各有颜色美丽的薄膜张着。错认作花朵而飞来的蝶、蛾、蝇、蜂等，常被这螳螂捉住。

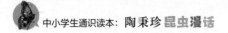

二 幼虫和成虫

螳螂从卵孵化，直到成虫，要蜕九回皮，身子也随着逐渐长大，和蟋蟀、蝗虫一样，都是不完全变态的昆虫。粗粗一看，形态上颇和蝗虫科中的捣米虫相像，但它的后脚，不能像蝗虫那样跳跃，只用中脚、后脚，在草丛花间，敏捷地走着。装着镰刀状的前脚的前胸节，比中胸节和后胸节要长得多。前胸节的长度，从孵化出来的幼虫起，每蜕一回皮，延长二成九分。所以若知道了最初幼虫这节的长度，那只需将这节量一下，便能断定这是蜕了几回皮的虫。复眼的长成，也是同样，每蜕一回皮，复眼每只小眼的长径，扩大二成九分。

螳螂的幼虫，也和蟋蟀、蝗虫同样，只生着短短的翅膀，有些地方，就叫它赤膊螳螂。但它捕食的残忍性，从小就有了。刚从卵壳钻出来的小螳螂，先捕食蚁、蟛蟓这般小昆虫，后来会捉蝇以及小的飞蛾，身子逐渐大起来，那么连大型的昆虫呀，蜘蛛呀，都是它们的食料了。蝉更是它们最喜欢吃的肴馔，所以有"螳螂捕蝉，不知黄雀在其后"的话。蝗虫的体力比螳螂大得多，而且又会飞会跳，照理应该可以很容易地遁逃，可是它并不逃走，反而走到螳螂身边去。这真同受了催眠术一般。

螳螂从刚出卵壳的幼虫时代起，直到成虫老死，终生捕食昆虫，对于农家实在是一种有益的昆虫。若能够采集卵块，藏着过冬，到春季去放在害虫多的地方，一定有极好的效果。

三　狩猎

　　螳螂有着优美的姿态，漂亮的装饰，浅绿色围裙似的长翅，自由转旋的头，可是，这非常平和的外观下，隐藏着残忍的习性；祈祷似的缩在胸前的臂，就是杀人的凶器。

　　前肢的腿节比较长，像细长的纺锤，上面的前半截，有两排锐利的针：里边这排是十二根针，黑而长的和绿而短的相间列着，为什么要长短相间呢？这样才能增加轮齿的锋利程度；外面这排颇简单，只有四根针。

　　胫和腿的关节，是活动的关键。胫上面也密生着两行比腿上的更细小的大量针。胫端有和最好的缝针相似的锐利的钩，是下面有沟的双刀钩。

　　螳螂在平时好像没有什么攻击力似的，两臂缩在胸前，真像个祈祷者。若有什么可吃的虫类经过它的面前，祈祷的姿势立刻改变；三部工具，赶忙展开，将末端的挠钩，远远投去。挠钩刺着了，便向后拉，将捕获物拖到两条锯子的前面。前腕一动，两锯就闭合了，即使是蝗虫、螽斯等比较强大的虫，一被挟在四行针的齿轮中间，什么本领也施展不出而死了。现在更把螳螂捕蝗的情形来介绍一下：

　　螳螂一看到灰色大蝗虫，便做痉挛的跳跃，忽然摆出可怕的姿势：张开翅膀，斜斜伸向两侧，后翅满满张着，恰像装在背下尻上的两张对称帆，尾端剧烈地上下动摇、呼呼发声，简

直像火鸡张尾时的吐气声一样。

后面的四肢，将身躯高高抬起，全身几乎直立了。作攻击用的前脚，缩在胸前，两肘向左右张开，和前胸恰呈十字形；而用几行珍珠和白心黑斑装饰着的腋下，也显露出来了。这斑纹真像孔雀尾上的眼状斑，是威武和狰狞的点缀品，所以除战争时外，平时是秘藏着的。

螳螂摆出了这种奇异姿势，一动不动，眼睛注视蝗虫，头跟着对方的移动而旋转。摆这种姿势的目的无非要使对方把自己当作一种凶猛的猎兽，惊惶骇怖，全身麻痹得不能动弹。

这目的达到了吗？蝗虫的长脸上，究竟起了什么变化呢？它铁一般的面具上，我们原看不出有某种感情表现。但受了威吓的它，知道危险已迫在眉睫：怪物立在自己面前，举起挠钩想打倒自己，这是看见的；也许连自己已离死不远也感觉得到吧！即使时间上来得及，会走的它，长着粗腿会跳，生着长翅会飞的它，也绝不逃走。它就昏迷般静伏在那里，或者竟慢慢地走到螳螂身边去。

小鸟在张开鲜红色大口的蛇的面前，害怕得神经麻痹，更因蛇的目光照射而昏迷，站在那里发呆，完全不想飞走，结果被蛇衔住了。蝗虫也差不多遭遇同样情形：当它昏迷时，螳螂的两把挠钩，就远远地投去，爪刺进去了，两行锯合住了。不用说也有可怜的抵抗，它的大颚向空咬，它的腿向空弹，但总不能从两行锯中间挣扎出来。螳螂就收叠了军旗似的翅，恢复平常姿态而休息了。

螳螂攻击危险性小的捣米虫和蝉时，虽也摆出怪异的姿势，但没有像对付蝗虫时的威风凛凛，时间也短；有时竟不摆姿势，只轻轻地将挠钩投去，就立刻带了回来。

它捉了俘虏，一定从后头先吃起。不论哪种昆虫，若后头的小脑部分被它一咬，便毫不挣扎地死了。

四 轧拉轧拉吃丈夫

　　螳螂的生活中，最有意思的就是性的行动。大概到了八月底，雄虫就飞翔，或步行，在找寻雌虫交尾了。一看到雌虫，雄虫赶忙走近去，挺起了胸脯，竖直了项颈，静静地望着对方。雌的毫不关心地一动不动。雄的又向左右张开翅膀，"擦擦"鼓动，好像想使雌者知道自己在这里似的。这里我还需补添几句：雄螳螂的翅很发达，有许多比腹部更长；雌螳螂的翅，没有雄的这样发达，而且腹部肥满，不能飞的很多。

　　不知怎样一来，雄的已看到了恋人许婚的表示，就走近去，再张开翅膀，痉挛地拍动。可怜的它，已攀在肥满的它的背上，而且慌忙用前脚抓住雌的前胸，来保持身躯的稳定，尾端向雌的尾端弯曲，生殖器密贴接合了。普通为预备动作所费去的时间颇长，可是真正交尾也要好久才完毕，有时竟五六小时。

　　当雄虫紧紧地抱着雌虫而行交尾时，头部就不知不觉地凑近雌的头部。这时，雌虫将它从头上起，一直吃下去，也是常有的事。

　　法布尔曾有一只已受精的雌螳螂，在饲育笼里吃了七只雄螳螂的记载。我们如把几对雌雄螳螂关在一笼，在它们交尾时，雌的就趁雄的在愉快地抱着时，不管头呀、颈呀，除生殖器外，全吃个精光。

　　这种要吃丈夫的残忍天性，除雌蜘蛛和雌蝎之外，是再也找不到的。法布尔认为，这也许是古生时代遗留下来的劣根性。为什么呢？螳螂最古时代就出现于地球上，但现在还和在大羊齿林中徘徊的祖先一样，是不完全变态的昆虫，是不像蝶、蜂、蝇、甲虫那样完全变态的幼稚昆虫。那时动物的行动，绝不是温和的，为繁衍子孙的热情所动，什么都做牺牲，终于连自己的丈夫和同胞都要吃；而螳螂就继承了古代遗下来的惨酷的恋爱行为。

若照昆虫生理学来解释，那么，雌的这种行动，完全是从摄食本能而来的捕食反射运动。这时它并不能意识到对方是自己同类中的雄虫；你若拿一个雌螳螂的头接近它，它也同样地咬。即使像蚱蜢、蝗虫、蜻蜓等非其族类的虫，它也同样地吃。说不到什么残忍不残忍。

五 头被咬下还继续交尾

　　雄螳螂紧紧地抱住了雌的，一心一意在完成它神圣的任务时，这不幸者，失去了头，失去了颈，最终失去了身躯，只有后胸节还剩着。这无头的爱人，依旧紧抱着继续交尾。

　　螳螂胸部是长着脚的，若失去了脚，便不能把腹部保持在适于交尾的位置；所以只需第三对脚的后胸节，和这节的神经节还留着，仍能交尾，仍能使雌的受精。有些人竟这样想：螳螂交尾行动的中枢，也许就是这节神经球吧！这暂且搁着，讲下去会明白的。

　　那么雄螳螂究竟有什么特别构造，头被咬下还能继续交尾呢？我们还需撇开臆说，根据实验来研究一下：

　　不单是螳螂，一切的昆虫，若它感到苦闷时——比如将头捏住、捻转或扯下，有环节的腹部，便向左右乱摆；雀蜂、蜜蜂等，即使割下了头，还伸着腹部，频频将有毒的螯剑乱刺，好像要螯人；这螯剑便是产卵管变成的。雄螳螂的头被咬下，还要起似乎交尾的行动，这也和上面说的昆虫同样，是苦闷的表现，不能看作以交尾为目的的行动。

　　由这种行动所产生的结果，就是尾端和他物接触。这接触使雄生殖器起反射性的突出；若碰着雌生殖器，便由最适当的反射运动，使两性生殖器连上了。这反射运动的中枢，是在腹部的末端神经节。交尾作用一发生，内部生殖器官，像射精管等，各个受腹部神经节的指挥，一齐发挥机能。头部的存在与否，原来没有什么关系。

所以，当后胸节也被咬去，拥抱着的脚已落下，光光肚子滚了下来时，你若拾起这腹部，适当地将生殖器部和雌的相接，那么仍旧起交尾的反射运动，而互相接合。

这种行动，除螳螂外，别种昆虫也有的。例如大家都知道的蚕蛾：雄蚕蛾头部被切去了，还能起交尾似的行动。这种行动，因为是腹部神经节的接触反射运动，所以对方倒并不一定非要雌蛾。有时，若把人的指头，去碰一碰断头雄蛾的腹侧，腹部也会弯曲，清楚地表示想交尾的行动。即使切去胸部，只留腹部，也仍旧起接触反射运动，和螳螂同样。

像上面所说，接触反射和交尾行动相连的，除螳螂和蚕蛾外，还有许多，这里从略了。

六　桑螵蛸

　　我们在向阳的地方，常见灌木的小枝上，丛草的枯茎间，以及石块、木材、碎瓦片上面，有荔枝般大、黄褐色的半椭圆块，附在上面——这就是螳螂的卵箱，俗称桑螵蛸，可以药用。

　　这种桑螵蛸，如果到火上去一烧，便散发出一种烧丝般的焦臭，实际是和丝相似的物质组成，延长了便成丝。

　　桑螵蛸呈半椭圆形，一端圆钝，一端尖细，有时还装着一个短短的柄。表面是颇整齐的凸面，还有三条分明的纵带。比较狭细的中央带，由两行对列的薄片构成，恰像屋瓦般重叠着。这薄片的一端，非常活动，有平行的两行半开的裂口，里面孵化的幼虫，可以从这里出来，所以有人称之为"脱出带"。

　　此外便是多数家族成员的摇篮，有不能逃越的壁障隔着。在侧面的两条带，几乎占了半椭圆的大部分。上面有很多细横条，是藏着卵块的各房的标识。

　　把桑螵蛸横切断来看：卵集成了非常坚硬的长粒，侧面是恰像凝固的泡沫般的厚壳遮盖着，上面有弯弯曲曲的薄板，绵密地塞着。

　　卵的头部向着脱出带，集成弧形的层。分娩时候，卵子大概是从长粒的延长部相合的两薄片间的空隙滑下去的。这样狭隘的地方，幼虫怎样出来呢？不慌，立刻从奇妙的装置中寻得通路吧！最终到达中央带，那边，在鳞状甲下，为各层卵开着两

行出口。一半幼虫从左出口出去，一半从右出口出去。

　　不看到实物，原是有点难懂。把这桑螵蛸的细部，大略说来是：枣核形的卵块（即是长粒），一层一层排列在巢轴上，外面用凝固的泡沫般的保护壳盖住，上方中央的一线，构造上又特别些，是小小的薄片并列着；这薄片的活动的末端，在外部造成脱出带。所以，中央线有两行鳞形的出口，和一条狭沟。

　　桑螵蛸的形态，又因螳螂的种类，而略有不同。像普通螳螂产的，下垂似的附着在树枝上，外壳极硬，现灰褐色。大螳螂产的，不十分大，多附在树皮或竹枝上，呈稍稍不正的圆形，实质柔软，恰像海绵。大肚螳螂的是产在树木的枝干上，稍呈椭圆形，褐色，中央有一条灰白色的纵线，质很坚硬。小螳螂的多产在草根墙脚，和普通螳螂的很相像，只略略小些。

　　卵在六月里孵化，一枚桑螵蛸，有一百以上幼虫从里面出来。

桑螵蛸

七　产卵

螳螂卵箱的构造，既然这样复杂，那么再将它创造的经过研究一下，总也不是徒劳的吧！

造卵箱的大部分材料，是从尾端许多圆筒形的管中出来的。这些管分成两大群，每群有 20 多条，里面充满着无色的黏稠的流动体。

当黏液断续地分泌时，下腹部末端的两个横张着的阔瓣，便不断地、迅速地搅拌搔抓，使黏液一流出就变成泡沫。这和我们敲打蛋白，使生成泡沫的情形一样。泡沫中自然大部分是空气，但这些并不是螳螂排出的，因为泡沫的体积要比螳螂肚子的容积更大。

这泡沫是灰色略带白色，稍有黏性，和肥皂泡很相像。当它才分泌时，用麦葶去碰，容易黏上，过两分钟左右就凝固，不会黏在麦葶上了；再过一会儿，就十分坚硬。

尾端一面将两瓣迅速地一开一闭，一面又像钟摆似的左右摆动；由这种摆动，内部形成了卵室，外部显现了横纹。尾端每摆到急激的弧点时，便向泡沫中一沉，好像要把什么东西埋进去似的，不用怀疑，这是在放卵。

新造成的卵箱上的脱出带洁白无光，用石灰质般而有细气孔的物质涂着，和灰白色的别部分，恰是个很好的对照。这白漆易碎难落。若把它搔去，便能清楚地看出脱出带上有两行尖端活动的薄片。这些薄片，常因风吹雨打，一片一片、一块一块落下，所以旧的巢箱上，连痕迹都没有。

那么两列的薄片、沟及被它们遮盖着的出口，究竟是怎样形成的呢？这连大昆虫学家法布尔都无法推想，只好暂搁一边，让诸位亲自去观察。

真是奇妙的机械啊！要把中心粒的角质，保护用的泡沫，中央线上的白漆、卵、受胎液等，整齐而迅速地排出；同时，造成重重叠叠的薄板、鳞形地排列着的壳、内部交错的沟。连我们人类也要茫然，无从着手吧！

但螳螂从不回头看一看后方的建筑物，也不用脚帮助一下，只凭着尾端去做。这与其说是奇妙的本能的工作，倒不如说是有规定的工具和组织的纯粹机械的工程，来得确切。

第十二章

蚁

一 蚁的社会组织

　　蚁，在动物分类学上，属于昆虫类的膜翅类，和蜂类相近。现在世界上已经知道的，有 11,700 多种。我们常见的有：身体现赤褐色的赤蚁（Formica rufa）；头上有大凹陷，全身黑褐色有光的黑蚁（Lasius fuliginosus）；身长 14 毫米左右，雌蚁黑色有光，工蚁赤褐色的大蚁（Camponotus ligni-perdus）；身体现黑色，雌蚁长 15 毫米，工蚁、雄蚁长 10 毫米，兵蚁头大，腹缘后节现黄褐色的黑大蚁（Camponotus japonicus）等。

　　在古代，早早就有人知道蚁也是营和人类相似的社会生活的。像两千多年前的亚里士多德就说过："蚁是营无支配者的社会生活的。"梭罗门的格言中，也有这样一节："你们这些懒汉，去看看蚁的生活啊！蚁虽没有王侯、酋长、主人，但夏天耕种，秋天收获。"

　　蚁也和人类一样，住在一定的国家之内，平时孜孜不倦地做各种工作，遇到外敌侵袭，便舍身卫国。人类用言语传达意思，蚁也用触角做各种暗号，互相关照。人类社会行种种分工，但蚁也有凶猛的掠夺者、杀戮者，也有牧养蚜虫的和平牧人。在人类社会发现的丑恶行为，蚁类社会也并不稀少，像战争、窃盗等，都很流行，而且连畜养奴隶、实行榨取的事情都有。

　　蚁国和人国，国家形式的根本条件，都以分工的原理做根据的。蚁的社会中，每个个体都有适于做某种工作的特殊构造，

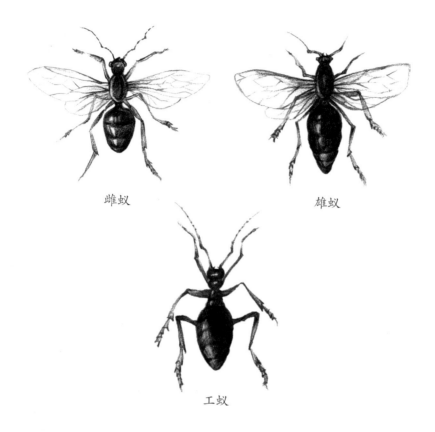

雌蚁   雄蚁

工蚁

一定要大家集合起来，才能生活，所以能够调和。一国之内，没有斗争，没有党派，也没有革命，更不需特殊的支配阶级。

蚁的幼虫，和蛆相似，软弱得很，连脚都没有，在未化蛹以前，一切都需母蚁照顾，因此母子之间，已形成一种小范围的共同生活。幼虫长成后，再同样养育第二代的幼虫。最初小小的家族，后来逐渐发展成由一母所出的多数子孙团结而成的国家。一代一代下去，小孩多到无数，若再不分工，母蚁已照顾不了。于是，只一小部分雌蚁，照旧生殖；其余大部分，专心养育孩子，并做与养育有关的许多事务，不再去恋爱和生殖。

这样经过无数世代，这些年轻保姆的生殖器，因连续不用而退化。身体也因适应这种特别生活，而发生变化，这就是劳动者（工蚁）。这劳动者群体的出现，在蚁类社会生活的完成上，有重大的意义。

蚁类社会中，包括形态和分工不同的女王、雄蚁、工蚁三种分子，像黑大蚁等，还有头大腮强、专司护巢的兵蚁。工蚁无翅，我们常见它们在巢房旁奔跑，或排队而行。它们专从事巢的建造、修缮，孩子的养育，食料的采集、贮藏，巢的守卫等工作，是蚁类社会的中坚。雄蚁和雌蚁都有翅。雌蚁有好几只，通常叫它女王，其实它们不会发布什么命令，行使什么权力，只努力产卵，并在迁移时哺育孩子。雄蚁非常蠢笨，劳动不用说，连同伴和敌人都分不清楚，除生殖时期外，不出巢门，真是一种生殖器械。从外形看来，身体雌蚁最大，工蚁最小，但工蚁的头，要比雄蚁大得多，和雌蚁相差不远。三种蚁的脑髓发达状态和精神活动，以头部的大小为比例，那是不用说的。

二 蚁巢

　　蜜蜂和胡蜂，能够用蜡和木浆制造六角形的巢房；但蚁巢的构造，毫无一定，极不整齐，看了地势、应了天时而千变万化。造巢的地点，因种类而异：有的在石下，有的在朽木下面，有的在树皮下面，还有些造在地下。

　　造地下巢时，蚁用大腮挖掘。掘下的泥块，务必运到远方，免得做巢口的标识，易被敌人找到。巢口，有时开在草地上，有时用泥块塞住。地下有坚固的墙壁，平滑的地面，大大小小的房间，曲曲折折的回廊；有的更依着垂直的隧道，房屋造成好多层（有深三米以上的），冬季寒冷，便住在深处；夏天燥热，又迁到上层来。

　　在少石而保温不易的地方，巢口便造起一种稍高的塔，称为蚁塔。是用湿的泥粒和草茎藁屑等，建造而成，也有用松针

堆成的。蚁塔都向东南，受朝阳的光，以增加巢内的温度。凡是天气炎热的热带地方，便看不到了。

福来尔博士所研究的阿尔香地区的一种蚁巢，有六个巢口，周围都有高高的蚁塔，巢口和巢口的距离，是三米到十米，这些巢口，都有隧道通到地下两米深处。这巢的全面积，有20到30平方米。各门口直对仓库，这是全巢的仓库。

有些蚁造巢于树上。它们在树皮下造一条隧道，再在树皮上穿一孔，作为进出口。像那种大蚁，原在朽木中造巢；但若活树中有空隙，也会去造巢的。台湾地区有一种很小的举尾蚁，在树梢造一个球形的马粪纸似的巢，大的直径有七八十厘米，粗粗一看，要错认作胡蜂巢。这巢是蚁啮碎树皮，混入自己分泌的唾液而造成的。巢内往往有暗色带天鹅绒光泽的菌丝，这是蚁嗜好的食物。南洋还有一种裁缝蚁，用孩子吐出来的丝缝合叶片造巢。

三 蚁的感觉

　　蚁类不仅能建造复杂的房屋，组织完密的社会，还能畜养蚁牛，培植菌类，播种谷物，役使奴隶，有别的昆虫不能追及的智慧。现在，且先把它们的各种感觉器官的能力，来调查一下，且看究竟发达到怎样地步。

　　蚁究竟有没有痛觉，的确还是一个疑问；即使有，也很微弱。因为它们被截去了腹部，还有舐食蜜汁的食欲。

　　嗅觉的发达，这已由种种实验证明。蚁凭了嗅觉，能够辨出物质的形态、硬度、高低、方向，有我们想不到的一种辨认力。我们是用两只眼睛看的，所以竟不会想到，除眼睛之外，还有许多看法。蚁看物时，除视觉外，触觉、嗅觉也一定有帮助。

　　蚁的眼睛，也和蜻蜓一样，是由几千小眼集成的。不过雌蚁和雄蚁的小眼数，要比工蚁多些，因为在空中结婚时，眼睛是发现异性的重要器官。

　　触角，不论哪种昆虫，都是很重要的，在蚁尤其有特殊的用处。当两只蚁要传达意思时，就全靠这一对触角。据福来尔博士所记：蚁在触角的打法中，有八种信号：一是传遍全体时的信号，这是从甲到乙这样传过去的；二是获得甘露时的信号；三是指示进路方向时的信号；四是指示食物所在时的信号；五是攻击或遁逃时的信号；六是通告某一定地带发生危险时的信号；七是镇抚骚扰时的信号；八是出征时的信号。

现在已有各种扩音机发明，若拿去研究蚁的触角打法，也许能发现种种有趣而特别的音。用这种扩音机听我们心脏的鼓动，宛同雷鸣，那么蚁的触角相击，也许能听出各种不同的音调。这种研究，谁也不曾计划过。不过研究时该用产在热带的大蚁。

蚁怎样定方向呢？关于这个问题，科学家们曾进行过种种试验。现在已知道它们前行的方向，是由太阳的位置指导的，而且好像月光、星光，也可用作定方向。我们试把蚁的队伍搅扰一下，纷乱了一回，立刻又恢复原状。它们的队伍，有时长250米左右。

蚁的社会里还有一种游戏，它们若有某种愉快的事情，便做一种信号，互相用触角巧妙地拂拭。它们有时也贪着午睡，这时，若有什么事情发生，同伴便用触角敲打，催它起来。

蚁是一种有洁癖的昆虫。巢内若有虫粪、食物的残屑，就赶快丢到巢外，它们常常留意着，不要使触角沾染尘埃。它们用掌（跗节）和腕（胫节），磨擦面部，仔细地拂拭触角，揩净口器，还怕惹同居者的厌恶，更把身体从上到下，揩拭清洁，凡是嘴和脚碰不到的地方，就互相擦几擦。我们常在蚁巢附近，看它们这样细细化妆。

四 空中结婚

　　她必定向没有小鸟打搅的地方飞翔。她再向高飞，于是，从下面追上来的雄群，稀薄了，零落了。弱者、残废者、老者、发育不完全者、营养不良者等，绝望了，在空中消失了。在云霞般无限数中剩下来的，只是精力绝伦的小群。她再用尽最后的余力，看吧！以不可思议力而当选的，追着她、捉住她，征服她了。他们用二重翅力支持着，抱合了向上飞翔，在相对的恋的狂热中，盘旋乱舞。

　　这是有名的诗人梅特灵克描写蚁类空中结婚的美文，词句优美，情景逼真，所以就借来做这节的引子。

　　当"南风吹、大麦黄"的初夏时节，蚁巢中便有许多生着翅膀的蚁孵化出来了。这些翅蚁，就是雌蚁和雄蚁，都比工蚁要大得多，而且有翅，所以一看就能辨别的。雌蚁的头部和腹部，比雄蚁大，也容易区别。刚羽化的翅蚁，翅膀和身子都很软弱，要慢慢地硬起来。

　　晴朗的午后，广大的蚁塔顶上，或巢旁隙地，有刚从蛹壳脱出的翅蚁，欣欣地挤轧着。从狭狭的窗口，窥望艳丽的阳光，你挤我推，终于挤了出来，在塔上户边散步；有的半张着薄绫似的翅，东奔西跑。做保姆的工蚁，弄得手忙足乱，追赶这些顽皮的孩子，捉住脚和触角，拖向巢中。一天复一天，到外面来的散步

青年，也渐渐多起来，做保姆的更加觉得号令不行了。

闷热的夏天午后，青年雌雄蚁的恋爱的激情，已达到顶点，突然有千百成群的翅蚁，从巢口拥出来，集成黑簇簇的一堆，遮住了巢，遮住了附近。它们拍着闪银光的美翅，向树枝草茎飞去。这时节，保姆真是焦急万分，东奔西跑，但要使这等因恋爱而发狂的青年们，再归平静，已不可能了。

不久，这些青年向广大无边的天空礼堂飞去，再在空中集合，做恋爱的乱舞。婚礼是凡住在这一带的雌雄蚁，全体参加，所以乱舞中的蚁群，真同云霞一般。

空中礼堂，充满了热爱和欢喜，全没有地上的憎恶、敌意。即使在地上是仇敌，这时也同祝一生一度的盛典。

雌蚁在这一天中，和多数雄蚁相交，受得终生不会感到缺乏的大量的精子。雌蚁的腹部有一个精子囊，专藏爱人们的精子，直到几年都不坏。雌蚁，可以随时照自己的意思，产生受精卵和不受精卵。

蚁的空中结婚，实在多少有一点儿优生的意味，因为这时可和别团体的强健的蚁结婚，而产生生物进化上必要的杂种。就进化程度讲，蚁的确站在虫界的顶点，这也许就是空中结婚的缘故。

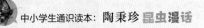

五 育儿

空中结婚完毕，又降到下界。新郎雄蚁，凄清地在地上彷徨，再过两三小时，至多两三天，便死去了。

新娘雌蚁，潜入地中或树皮下，造一间小小的房子，和外界断绝一切交涉，开始过它的隐遁生话。不过这隐遁生活，不是厌世，不是逃罪，是为了养育孩子。从卵孵化的幼虫，到变成虫，要一两个月。这期间，做母亲的雌蚁，绝不外出，也不采集食物，专心保护养育孩子，没有片刻休息。

那么这一两个月的长时期，雌蚁即使能绝食，养幼虫的食物又怎么办呢？雌蚁曾在空中飞过的大翅，这时已成废物，那上面有鼓翅用的大筋肉。可怜的母亲，是消耗这筋肉和预先贮藏着的脂肪等，以保全自己的生命和养育孩子。

这样长成的蚁，都是工蚁，而且因为营养不良，身体瘦小。这工蚁，立刻在小房间的墙壁上穿一个洞，到外面去运饵养亲。此后，有的走到母蚁身边，将食料喂它；有的建造新屋，扩张巢穴。于是，母蚁恢复健康，精神振作，专门产卵了。产下的卵，工蚁立刻搬到新房间里去，一心保育，此后所生的幼虫，要由做兄姊的蚁们养育了。

在红日初升的早晨，工蚁将卵、幼虫、蛹搬到近地面的房间，傍晚又搬到下层房间去，降雨时，也搬到下层，以避水患。若突然将盖着的石片朽木拿去，工蚁就大起恐慌，丢下一切，衔了卵、幼虫、蛹去求安全地带。可见它们兄弟姊妹间的感情，并不低于母爱。

六 搬家

　　当蚁巢被顽皮孩子掘穿，或有霉类侵入，或造在树干上的巢为啄木鸟所袭时，蚁们就另求安全地点而开始搬家了。

　　夏日在田园中散步时，常看到有蚁的队伍。这种蚁队，大概可分两类，一类是搬运食料回去，另一类是搬家。而蚁搬家时，必定衔着白色的小卵、幼虫、蛹，所以很容易辨别。

　　将要搬家时，工蚁先分头在附近奔跑，找寻适于居住的场所，找得后，立刻回去，着手搬运幼虫和蛹等。同伴若不知道新住所在哪里时，由发现者领了去。它们的领法很有趣，就是衔了去。我们常常看到，领路者用自己的大腮，咬住了被领者的大腮，倒退一拖，被领者就翘着腹部，倒挂在领路者的体下。于是，它就衔着，一路向新住所跑去。有几种蚁，搬法恰恰相反，领路者咬住同伴的背脊，同老猫搬小猫一样。

　　这样被衔来的工蚁们，先将这住所察看一遍，赶忙依着刚才来路，径直跑回旧巢，搬运幼虫和蛹，或再引导同伴。

　　工蚁们将新住所准备完成后，要领女王和雄蚁到这里来。但它们的身体，要比工蚁重几倍，总不能咬住了运。因此，工蚁咬住了女王等的大腮、触角、脚等，一面倒拖，一面使它认识新住所的方向。女王们是这样被引导着到新住所的。

　　搬家要两三小时乃至一昼夜，方才完毕。这时，全家协力，有的搬运，有的开掘新隧道，并无什么争执和不平，真是全体一致总动员。

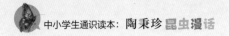

七 同种间的战斗

蚁类的战斗性，常因种类、人口、离巢距离而有强弱。像爱夫爱圣司蚁（又称武士蚁），即使在千百成群的敌阵中，也毫不畏惧；又像福尔米各克水奴斯蚁（Formicoxenus）、米尔美克那蚁（Myrmecina），连保护自身、防御巢穴的战斗能力都没有。蚁巢中人口越增加，蚁类的冒险心、攻击心越炽盛。小蚁刚造巢时，胆很小，即使塞住了巢，也多躲着不敢争斗，蚁离巢渐远，勇气也渐丧失；若在自己巢口，又遇到同伴，立刻胆壮起来。

战斗中也有防御和攻击两种：

像拖着坚牢的身躯迅速地逃走，缩着脚装假死，将巢移到远处，用土块等堵塞巢口等，都是弱蚁在防御战争时应用的兵法。至于，巢口设置守卫，用大腮防御，像赤蚁的在傍晚用木片闭塞巢口，早晨移开，那更是防患未然的了。

勇敢而嗜斗的蚁，多采用攻击战略。它们巢穴广大，人口众多。战斗的目的是要由破坏的行动来扩张领土，有时是为了争夺有蚜虫栖息的牧场。

它们的战斗，也和人类社会一样，不能照着预期而成功。有时双雄相遇，旗鼓相当，大家杀得人困马乏时，虽胜负未定，也会突然停战。它们的讲和条件，好像是说定将来双方不得再侵略领土。但记忆常要跟着时间的流逝而淡下去，于是，第二年再来一次大厮杀。

同种间也好战斗的，是赤蚁类，它们双方的战法，也一模一样，而且常发生在两巢相近的时候。现在把福来尔博士观察所得的，大略记述在下面：

　　这里有同属于山中赤蚁的甲、乙、丙三巢。甲巢的住民，比乙、丙两巢少。乙巢在甲巢的左方，相离一米，丙巢在甲巢的右方，相离三米。它们都还没有孩子和蛹。早晨八点钟左右，乙蚁向阳取暖，并无何等异状。甲蚁也开了巢口，到乙蚁这儿来。可是，误走入甲蚁群中的乙蚁，立刻被捕，受毒液的注射，最后被杀死。

　　还不到半点钟，像有什么警钟似的，乙蚁逐渐兴奋起来，有些工蚁，向甲巢门口窥探一下，立刻回来，大概是警戒同伴。一方面，甲巢的蚁，本在和平地晒太阳，也立刻开始准备，在附近空地上，布起战阵。

　　起初虽是前锋小接触，但的确像激怒了乙蚁，都有奋身赴战的态度。它们组成密接纵队，开拔到巢的左侧，帮助同伴，捉住敌人拉到阵后去屠杀。这时，甲蚁的战阵也完全布好。从八点半到九点半，阵地不变。甲巢逐渐增添援兵，战斗越发起劲。甲巢蚁虽少，取防御战法，决不退却。

　　单行的前卫，由三只至七只蚁组成。它们都贴地伏着，努力将敌人向自己阵地拉去。同时，工蚁也弯曲着尾尖，发射毒汁，来拦住敌人的攻击。当战事方酣时，竟有咬住了自己的同伴，误认作敌人的；后来由触角认清是同伴时，方才不发射毒汁而释放。一入混战状况，有种种事故发生，这些都是由认识不足而起的。这时，无非双方被拉到敌阵屠杀罢了。小小的工蚁，若碰到兵蚁，吃它大腮一击，立刻头破胸穿。它们逐渐把连锁状的阵，向前移进，为征服乙蚁而奋斗。甲蚁这时，捕获的俘虏虽不多，但留在巢里的蚁群，倒很平静，好像不知道外面已起了变故。一过九点半，乙蚁勇敢地反攻，冲破甲蚁的前卫，逼它们退到离巢只五厘米左右的地方。这里有枯叶、小枝，可作为堡垒，守住最后的阵线，这时，甲巢中起一种悲哀的动摇，因为敌军已临城下。巢边的工蚁，张着大腮，把触角摇几摇，左右前后乱窜，好像它们要弃巢而逃似的。可是，正当这危急万分的当儿，它们的兵蚁，像听到什么警钟似的，从各房拥出来，有决不使祖国领土寸尺让人的气概。它们延长前阵的两翼，对乙蚁做侧面攻击。乙蚁虽已捉得几百俘虏，但总不能冲开甲蚁的后阵。战事愈酣，领土的一部分，已被蚁的连锁队掩住，处于混战状态。

到十点半左右，在枯叶、小枝前面的乙蚁看上去已经支持不住。它们不得已抛弃之前占领的场地，缩短防线，而退却了。甲蚁不管乙蚁的反抗，乘胜追击。到十二点左右，甲蚁终究冲到乙蚁的大本营。这时乙蚁起纷乱状态，向周围牧场间东奔西窜地乱逃。换一句话说，甲蚁已征服了乙蚁，战斗已告结束。甲蚁停止追击，这是什么缘故呢？因为丙蚁也在草荫下布好战阵了。

甲蚁乘胜再向丙蚁挑战。丙蚁没有援兵，甲蚁已战得十分疲劳，所以甲蚁只取守势，并不进攻，而丙蚁已开始退却。到下午三点钟左右，它们已有逃避的行动表现出来。这次战斗，终因战士缺乏而草草终结。

两天之后，福来尔博士将一群甲蚁，放在丙蚁临时巢的近旁，使它们去包围。甲蚁就把丙蚁从巢中拖出，杀死大半。这剩下的小群丙蚁，也同乙蚁这样逃避，到某处再筑小巢，在内住居。这里应该注意的是，这种山中赤蚁，常要乘胜追击，对半死半生的敌人都不肯放松。

八 异种间的战斗

东非的风云，一天紧似一天。若一朝开战，慓悍的蛮军，和应用科学利器的军队相周旋，各个表现他们的特殊战法，倒是一场好看的大厮杀咧！也许有这样想的人。蚁类中的战法，也因种类而各异，所以若战斗发生在异种间时，也是五花八门，好看得很。

前节讲过的那种福尔米加（Formica）属的山中赤蚁，和塞苦尼亚蚁的战斗状态，要算最好看。塞苦尼亚蚁，没有什么前卫等等，是采用急激突进攻击法的。当山中赤蚁，集成一团，做前进攻击时，塞苦尼亚蚁退却，回敬一个拿破仑式的侧面攻击。有时它们以可敬的勇气，冲过后卫，直捣中军，将在左右前后的，一齐推倒。

可是，这种行动，并不是无规律的，而且对于在混乱中窜逃的敌人，毫不伤害。所以塞苦尼亚蚁的作战法，无非要搅乱山中赤蚁的密集团体。当塞苦尼亚蚁以不及半数的兵力，顽强攻击时，山中赤蚁，已浪费许多精力和时间，疲惫不堪了。机敏的塞苦尼亚蚁，一看到敌人的弱点和狼狈相，就乘虚做勇敢的袭击。它们能单身冲入敌阵中，以加倍的速度和勇武，左冲右突，将敌人推倒。山中赤蚁因援兵不到，张皇失措，露出无法保护孩子的狼狈相时，塞苦尼亚蚁猛然飞奔过去，抢夺孩子。即使敌人是小小的工蚁，或是单身，山中赤蚁已没有去夺回来的勇气。塞苦尼亚蚁自觉得胜，排齐队伍，带了俘获品，悠然凯旋了。

福来尔博士曾把家蚁的巢，放在离大头蚁巢十厘米处。这时，恰像巢中敲过警钟般，几百只大头蚁，拥到敌人面前来。可是，家蚁方面也不示弱，身躯也强健，以压倒之势，杀戮大头蚁，更进逼敌巢。看到大头蚁毫不抵抗地被咬杀，受毒刺，许多大头蚁的兵蚁来了；它们张着大腮，把头左摇右摆，一面示威，一面行进。

　　家蚁终于退却。这些兵蚁提防着大腮不要被家蚁攀住，同时努力想咬它们的背部。若项颈被它的大腮一轧，家蚁的头一定滚落；但是，若大头蚁的兵蚁和家蚁个对个相打，胜利则倒在家蚁一方；尤其是家蚁咬住大头蚁的大腮时，它因为眼睛看不到，无法抵抗。即使家蚁退到巢里，大头蚁的兵蚁占据了这巢，但结果还是由许多工蚁，将它们的尸体拉回巢去。

　　据福来尔博士的研究，蚁的战斗本能，不是先天的，因为青年蚁毫无战斗能力。蚁能够分辨敌人和同伴，也是后来的事。这种辨认的根据，大概以体上固有的臭气为主，而青年蚁是没有臭气的。战斗性的强弱，和集团的大小有直接关系，因为敌己两只蚁在路上相遇时，也不争斗，互相避开，各向一方走去；在战斗中，双方各取出一只，放入同箱中，也不争斗；反之，若双方各取几只，放入同箱中，便起争斗；但不激烈，而且不延长，不久，就结同盟了。

　　法国文豪罗曼·罗兰曾发表一篇名为《到蚁那边去》的著作，里面有这样一段，就引来做本节的结尾：

　　本能这种东西，不是进化的出发点，是中途产生的；换一句话说，本能也随时进化的；战斗的本能，不是根深的原始的东西，蚁类里面，尤其有战斗蚁的种类，常将本能训练和改进。不想，人们本以为自己君临一切，但比人类社会更进步的蚁类社会中，有许多可学的地方。只要人们肯把尘埃满布的窗子推开就好了。

九 犯罪

　　蚁类中也有靠种种犯罪行为而过活的。最明显的，是一种抢劫的强盗生活，就是当某种蚁采集了食物，正待运回家去的时候，突然拦住去路，抢劫食物的犯罪生活。香蚁社会中，大多过这种生活，栖息在农蚁附近，强夺它们采集来的食物。

　　它们是什么时候学会强盗生活的呢？这总不是原始的生活式样，大概是偶然在某时学得的。而且，这些蚁也不是专靠抢劫的。它们有时拾取别种蚁采来的食物残屑，也会自己到森林中去吃蚜虫的甘露。它们起初把抢夺作为副业，后来因为这种生活，实在安逸，于是本业荒废，副业发展起来了。

　　二节蚁和香蚁中的他批纳买蚁（Tapinoma）常常攀登叶上，等待赤蚁们争斗而死，把尸体运回家去。大概因为它们是弱者，无力抢劫吧，所以过的不是纯粹的强盗生活。

　　偷窃生活比抢劫生活要复杂得多。最初发现蚁类中有这等现象的，是福来尔博士。某种微小的黄蚁，在异种大蚁福尔米加蚁（Formica）的巢旁造一个巢，再开通一条细的隧道，从隧道去偷大蚁的孩子吃。这隧道不妨称为盗径，因为细狭得很，大的赤蚁、黑蚁不能通行，因此无法攻击小蚁。它们即使发现自己的孩子，已被向盗径中拖去，也束手无策，徒唤奈何。这种小黄蚁，是索来纳蒲西斯（Solenopsis）属的一种。此外，别种小蚁也有同样做杀儿行为的。

十　畜牧

我们人类为了要取肉、乳、毛等而养猪、牛、羊，有些为了取蜜而养蜂。蚁类社会中，也有相像的行为。庭前的蔷薇上，有蚜虫缀着，主人便要慌忙驱除，但竟有帮助作恶者的，这就是蚁。蚁拼命照顾蚜虫，为了要吃它分泌的蜜。

保护蚜虫的蚁有两种：一种黑蚁，照料蚜虫，让它用长长的吻（有的吻比身子长两倍）插进树皮吸液汁，自己领受甘露，作为劳力的报酬；一种黄蚁，不大到地上来，在树根上造巢，将大的蚜虫，养在巢内。

一到夏天，蚜虫常想沿着树根爬上去。当它们爬到树根附近，黄蚁就在它们周围建造泥墙，预防外敌侵害，有时将蚜虫拉到树皮下面。若有顽皮孩子去捣毁巢穴，蚁们便急忙拖了蚜虫，向安全地带逃。有时蚜虫把长吻插进树皮后，一时拔不出来，工蚁们便一齐动手，帮它拉出。

放牧蚜虫的蚁

此外像美国的某种举尾蚁（Cremastogaster），常在松枝间造一个马粪纸似的巢，在里面养一种介壳虫，吸食从管状突起分泌出来的甘蜜。澳洲有一种尼的头斯蚁（Nitidus），用木片在树干上造一条厚厚的隧道，在里面牧畜木虱——木虱和蚜虫相似，除能够跳跃外，触角的末端二分，也能从肛门分泌甘露，为蚁所嗜。至于小灰蝶的幼虫，受蚁的保护，前面已经讲过，这里就省略了。

　　蚁这样饲养昆虫，喝取甘露，实在和人们的牧畜养蜂相似。

十一 农业

　　蚁还会巧妙地经营农业，最闻名的是北美得克萨斯州和墨西哥产的农蚁。

　　这种蚁能够栽培叫"蚁米"的一种植物——和燕麦相似。它们的栽培法，是将巢周围的杂草刈去，只留着"蚁米"，等待它长成结实。当这植物果实成熟时，蚁就收获了运进巢内，贮藏在一定的房间里。虽然原始，实在是一种农业。

　　这种蚁还爱吃坚硬的果实，不过一抽芽，就丢到巢外去。从前有人认为是蚁在播种，经种种研究，方才知道蚁厌恶这种发芽的果实，所以丢弃的。

　　此外，收获种种谷物的蚁也颇不少。尤其是北美、南美、非洲等地，有种种有趣的蚁。据说有一种蚁，常把贮藏的谷物，搬到巢外去晒燥，和我们晒谷一样。

　　此外还有经营特种农业、栽培菌类的蚁。这种蚁叫切叶蚁，产在南美，用树芽造成菌园，栽培一种菌类。它们巢中有大小两种工蚁，小工蚁出外去切取青的树叶，

切叶蚁搬运树叶

运回巢来。这时，它们用口咬着叶片的一端，旗帜似的竖在头上，排成了长长一行走去；到巢后，交给大的工蚁。大工蚁将它细细嚼碎，放在特别的房内。若巢上有自然生长的菌类，那是要由小工蚁负责照料的。

菌园中也有杂草和杂菌产生，所以这劳动者也颇有点辛苦。不久，菌丝渐渐伸长，尖端像圆瘤似的膨大，里面有许多富含蛋白质的养分——这就是蚁的食物，尤其是幼虫唯一的食物。这样生成的菌园，面积占全巢的四分之三。蚁类的农业，实在发达得可叹。

十二 奴隶

　　蚁类社会中，值得大书特书的，就是使用奴隶。畜奴的蚁也不少，最有名的是武士蚁。它们把黑大蚁当作奴隶，由奴隶们替它们造巢、采食、养育孩子。因为奴隶的寿命只三个月左右，所以它们不得不常常出去捕捉新奴隶来代替。充奴隶的蚁，并无一定。总之，被征服的，就有做奴隶的命运。奇妙的是，它们决不捕捉成虫，因为不能和主蚁同居，而且常要逃走。那些忠实的奴隶，都是由捉来的幼虫和蛹化成的。在它们巢里长大的成虫，忘却了自己的身份，服从命运，替主蚁造巢养育孩子，采办食物。不论怎样，它们绝不会要求解放和自由。

　　这些奴隶的职务，不必由主人命令来分配，它们也和别巢的工蚁一样，是一种机器人。它们的操作，当然不是被什么"不劳无食"的法律束缚；它们不过是比驮人载货的牛马更进一步的机械：出外，替主蚁采集食物，搬运回巢；在内，将食物喂主人，忠心耿耿，绝不偷懒。有时奴隶被主蚁带着，去征伐自己同族的巢，攻进去掠夺孩子和蛹。这时，它们不知道俘房中有自己的兄弟姐妹，只盲目地跟着主蚁去做。这是一个有生命的机器人，人情、道德、法律、习惯，什么都不知道。

　　主蚁感到饥饿时，奴隶立刻走来喂它，武士蚁因此养成一种依赖的习惯；若奴隶不在跟前，哪怕有这样的食物，它都不会吃。所以若把它放在高高的树枝上，没有奴隶，它只好饿死。

关于使用奴隶，也有一时的、永久的、退化的三种：

（一）一时的使用。这种主蚁，只偶然去捕捉几回奴隶，若没有奴隶时，也会独立生活。这种形式，在使用奴隶的蚁类中，算是幼稚的、未发达的。某种赤蚁使用奴隶，就是一时的使用。它们每年举行两三次的奴隶狩猎，早上出发，傍晚回来。被捉去当作奴隶的，是广布全世界的黑大蚁。

当赤蚁征伐黑大蚁的巢穴时，常直线行进，从不迂绕，好像预先侦察过似的。在前锋的赤蚁，到达黑大蚁的巢后，在全体未到齐前，决不着手侵入。于是，黑大蚁纷乱起来，衔着孩子出巢，想突围而走。不久，因为赤蚁要抢孩子，不免有一场肉搏。但是，黑大蚁到底敌不过赤蚁，赤蚁乘胜拥入巢里，抢夺大的孩子和蛹。

循着原路回来时，赤蚁嘴里都衔着孩子和蛹，列队而行。这些掠来的孩子中，也有将来可成女王和雄蚁的，这些都被它们吃掉；只留下可成工蚁的，不久长成，就是奴隶。

奇怪的是，从妈妈手中被抢去的孩子，真所谓"不念生恩念养恩"，拼命替主蚁劳作。不过，蚁类中的奴隶和人类间的奴隶，大不相同——没有束缚自由，强迫工作等事。它们已是巢里的一分子，生活的式样是平等的，生活权也是平等的。

（二）永久的使用。像武士蚁这样大腮退化成针状，专作战斗时的武器用，不能营巢、育儿，连食物都不会自己吃，故必须永久地使用奴隶。这种武士蚁，欧洲常能见到，在亚洲也分布很广。它们捕获奴隶的远征，总在午后；而且充奴隶的，也是黑大蚁。

（三）退化的使役。欧洲有一种威蚁，大腮变化，末端同镰刀似的尖锐，将家蚁作为奴隶。它们常在夜里带了奴隶，出发征伐家蚁。冲锋陷阵，全靠这班奴隶。真不懂，这样弱的威蚁，在原始时代，是怎样征服强大的家蚁、怎样使用它们的呢？有一种威蚁，已经不捉奴隶，纯粹过寄生生活了。所以，使用奴隶的那种威蚁，若退化状态再稍稍进展，该有什么结果，总也想象得到。这种就叫作退化的使役。

蚁类社会中最和我们人类社会相像的，就是这种畜奴制度，是在别的生物界中所不能看到的特殊现象。主蚁和奴隶间的服务情形，也大有差别：某种奴隶，反而受主蚁不少的帮助。像那种赤蚁的奴隶，看上去好像颇快乐似的；反之，武士蚁的奴隶，则颇辛苦，不论巢内巢外，全要服役。

奴隶是主蚁的重要财产、手足、工具、机械，故主蚁也周密地保护它们，搬家时也把它们衔了走。

十三 贮蜜

　　蚁类中，也有像蜜蜂一般，采集花蜜而贮藏的蜜蚁。

　　蜜蚁的工蚁有两种：一种和普通的工蚁一样，是劳动者；一种肚子大得很，完全是贮蜜的桶。普通工蚁出外去，孜孜不倦地活动，从草木等吸蜜回来，嘴对嘴地将蜜交给贮藏蚁，贮藏蚁将蜜藏入嗉囊；贮蜜越多，肚子越膨胀，最后变成一个圆球。

　　贮藏蚁住的房间是一定的。凡肚里装满了蜜的，就挂在天花板上，看上去真像一排一排的葡萄。它有时从天花板上落下来，自己无法爬上去，就由许多工蚁，一齐动手，将它扛上去。

　　那么，这许多蜜是从哪里采来的呢？大部分不是从蚜虫身上榨取的，就是从有几种寄生小蜂的幼虫在树叶上造成的虫瘿那里采集来的。这种虫瘿，夜里分泌甘露，蚁去舔舐，装得满肚回巢。

　　这种蚁住在美洲和非洲的沙漠，或干燥期很长、一时无法向外界求蜜的地方；所以，劳动蚁趁有蜜的时候，拼命采集，交给贮藏蚁保存；到外界无蜜时，巢内的蚁，都到贮藏蚁的房间里来求蜜。于是，贮藏蚁的人员，立刻嘴对嘴吐出蜜来喂它们。